유튜브와 함께하는

떡제조 기능사

실기 + 무료동영상

㈜시대고시기획

Always **with you**

사람이 길에서 우연하게 만나거나 함께 살아가는 것만이 인연은 아니라고 생각합니다.
책을 펴내는 출판사와 그 책을 읽는 독자의 만남도 소중한 인연입니다.
(주)시대고시기획은 항상 독자의 마음을 헤아리기 위해 노력하고 있습니다.
늘 독자와 함께 하겠습니다.

머리말

떡이 좋아 혼자 만들어 먹던 것이 어느덧 강단에 서서 5,000여 명의 제자를 배출하였습니다. 제가 떡을 좋아하는 이유는 떡은 정직하기 때문입니다.

떡은 재료가 조금 아쉬울 때 장이나 소스나 향신료 등으로 재료의 부족함을 채우기가 어려운 음식입니다. 좋은 쌀과 양질의 소금, 깨끗한 물, 팥, 콩으로만 맛을 내야 합니다. 원재료가 정직해야 하고, 부재료가 넘치지도 부족하지도 않아야 하며, 불의 세기와 알맞은 시간의 조절로 오로지 마음 중심에 정성이 가득해야 비로소 좋은 떡을 만들 수 있습니다.

새벽 두 시에 일어나 백일 동안 떡을 찐 적이 있었습니다. 해보고 싶은 떡이 머릿속에 떠오르면 다음날 새벽에 일어나 하루하루 해보던 것이 백일이 되었고, 백일이 지나고 나니 많은 새로운 떡 들이 만들어져 있었습니다. 그리고 지금은 제가 좋아하는 곳에서 좋아하는 일을 하고 있습니다.

기초를 튼튼히 다져 나만의 떡을 개발하세요. 즐거운 마음으로 열정을 다한다면 정직한 떡이 좋은 길로 안내해줄 것이라 생각합니다. 이 책이 여러분들에게 단단한 떡의 기초가 되어주면 좋겠습니다.

끝으로 이 책이 나오기까지 애써주신 강미선 선생님, 배지영 선생님, 권종수 교수님께 진심으로 깊은 감사의 인사를 전합니다.

편저자 방지현 씀

CONTENTS
이 책의 차례

PART 1 설기떡류 만들기

공개문제

백설기 • 034

콩설기떡 • 038

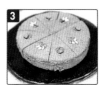
쑥설기 • 042

떡케이크 • 046

공개문제

삼색 무지개떡 • 050

석이병 • 054

잡과병 • 058

공개문제

백편 • 062

PART 2 켜떡류 만들기

붉은팥 메시루떡 • 068

붉은팥 찰시루떡 • 072

거피팥 시루떡 • 076

녹두 시루떡 • 080

콩찰편 • 084

깨찰편 • 088

두텁떡 • 092

물호박떡 • 096

구름떡 • 100

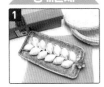

출제기준 맞춤 강의 무료 제공

- 한국산업인력공단에서 공개한 '콩설기떡', '송편', '쇠머리떡', '경단', '삼색 무지개떡', '부꾸미', '백편', '인절미' 8가지 떡의 요구사항을 반영한 떡제조기능사 실기 강의 무료 제공!

- ❖ 이용 안내
  - 시대plus 홈페이지 www.sdedu.co.kr/sidaeplus ▶ 좌측 상단 카테고리 「자격증」 클릭 ▶ 「떡제조기능사」 클릭

혼자서도 따라하는 34가지 떡 레시피 모두 공개

- 전주우리떡만들기연구소 방지현 쌤이 알려주는 34가지 떡 레시피와 합격포인트 공개! 시험뿐만 아니라 실무에서도 바로 적용 가능!
- 떡의 재료 및 분량부터 만드는 과정까지 자세하게 수록해 누구나 쉽게 따라할 수 있는 떡 레시피와 Key Point 제공!

시험장에 들고 가는 핵심노트 수록

- 34개 떡의 레시피를 들고 다니면서 암기할 수 있는 떡제조기능사 실기 핵심노트 추가 제공!
- 수험장에서도 핵심만 콕콕 담은 합격 레시피로 시험을 완벽하고 손쉽게 대비!

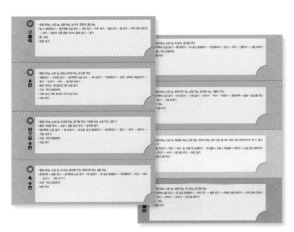

수행직무

떡을 만드는 직무를 수행하는 기능보유자로서 국가자격취득자를 말한다. 곡류, 두류, 과채류 등과 같은 재료를 이용하여 식품위생과 개인안전관리에 유의하여 빻기, 찌기, 발효, 지지기, 치기, 삶기 등의 공정을 거쳐 각종 떡류를 만드는 직무이다.

진로 및 전망

점차 입맛이 서구화되고 있지만 웰빙 열풍으로 건강에 대한 관심이 증가하면서 우리 전통음식에 대한 선호도 높아졌다. 또 디저트 산업에 대한 관심이 증가하면서 향후 떡과 같은 전통음식의 선호도 지속될 전망이다.

취득방법

- 실시기관 : 한국산업인력공단
- 시험과목
  ⋯→ 필기 : 떡제조 및 위생관리
  ⋯→ 실기 : 떡제조 실무

- 검정방법
  ⋯→ 필기 : 객관식 60문항(60분), CBT로 진행
  ⋯→ 실기 : 작업형(2시간)
- 합격기준 : 100점을 만점으로 하여 60점 이상 취득 시 합격 (필기 / 실기 동일)

- 요구사항이 제시된 4형별(콩설기떡, 경단, 송편, 쇠머리떡, 삼색 무지개떡, 부꾸미, 백편, 인절미) 중 무작위로 지정된 2개 과제 를 제조해야 함(시험시간 2시간)
- 4형별(형별당 2개 과제, 총 8종류)

형별	과제
1	콩설기떡, 경단
2	송편, 쇠머리떡
3	삼색 무지개떡, 부꾸미
4	백편, 인절미

2022년 떡제조기능사 정기 시험일정

회별	필기시험			실기시험		
	필기시험접수	필기시험	필기시험 합격자발표	실기시험접수	실기시험	최종 합격자발표
제1회	01.04 ~ 01.07	01.23 ~ 01.29	02.09(수)	02.15 ~ 02.18	03.20 ~ 04.06	1차 : 04.15(금) 2차 : 04.22(금)
제2회	03.07 ~ 03.11	03.27 ~ 04.02	04.13(수)	04.26 ~ 04.29	05.29 ~ 06.15	1차 : 06.24(금) 2차 : 07.01(금)
제3회	05.24 ~ 05.27	06.12 ~ 06.18	06.29(수)	07.11 ~ 07.14	08.14 ~ 08.31	1차 : 09.08(목) 2차 : 09.16(금)
제4회	08.02 ~ 08.05	08.28 ~ 09.03	09.21(수)	09.26 ~ 09.29	11.06 ~ 11.23	1차 : 12.02(금) 2차 : 12.09(금)

출제기준(실기)

직무분야	식품가공	중직무분야	제과 · 제빵	자격종목	떡제조기능사	적용기간	2022.1.1.~ 2026.12.31.

- **직무내용** : 곡류, 두류, 과채류 등과 같은 재료를 이용하여 식품위생과 개인안전관리에 유의하여 빻기, 찌기, 발효, 지지기, 치기, 삶기 등의 공정을 거쳐 각종 떡류를 만드는 직무이다.

- **수행준거**

❶ 재료를 계량하여 전처리한 후 빻기 과정을 거쳐 준비할 수 있다.

❷ 떡의 모양과 맛을 향상시키기 위하여 첨가하는 부재료를 찌기, 볶기, 삶기 등의 각각의 과정을 거쳐 고물을 만들 수 있다.

❸ 준비된 재료를 찌기, 치기, 삶기, 지지기, 빚기 과정을 거쳐 떡을 만들 수 있다.

❹ 식품가공의 작업장, 가공기계 · 설비 및 작업자의 개인위생을 유지하고 관리할 수 있다.

❺ 식품가공에서 개인 안전, 화재 예방, 도구 및 장비안전 준수를 할 수 있다.

❻ 고객의 건강한 간식 및 식사대용의 제품을 생산하기 위하여 재료의 준비와 제조과정을 거쳐 상품을 만들 수 있다.

실기검정방법	작업형	시험시간	3시간 정도

주요항목	세부항목	세세항목
❶ 설기떡류 만들기	① 설기떡류 재료 준비하기	㉠ 설기떡류 제조에 적합하도록 작업기준서에 따라 필요한 재료를 준비할 수 있다. ㉡ 생산량에 따라 배합표를 작성할 수 있다. ㉢ 설기떡류 작업기준서에 따라 부재료의 특성을 고려하여 전처리할 수 있다. ㉣ 떡의 특성에 따라 물에 불리는 시간을 조정하고 소금을 첨가할 수 있다.
	② 설기떡류 재료 계량하기	㉠ 배합표에 따라 설기떡류 제품별로 필요한 각 재료를 계량할 수 있다. ㉡ 배합표에 따라 부재료 첨가에 따른 물의 양을 조절할 수 있다. ㉢ 배합표에 따라 생산량을 고려하여 소금 · 설탕의 양을 조절할 수 있다.
	③ 설기떡류 빻기	㉠ 배합표에 따라 생산량을 고려하여 빻을 양을 계산하고 소금과 물을 첨가하여 빻을 수 있다. ㉡ 설기떡류 작업기준서에 따라 제품의 특성에 맞춰 빻는 횟수를 조절할 수 있다. ㉢ 재료의 특성에 따라 체질의 횟수를 조절하고 체눈의 크기를 선택하여 사용할 수 있다.
	④ 설기떡류 찌기	㉠ 설기떡류 작업기준서에 따라 준비된 재료를 찜기에 넣고 골고루 펴서 안칠 수 있다. ㉡ 설기떡류 작업기준서에 따라 최종 포장단위를 고려하여 찜기에 안쳐진 설기떡류를 찌기 전에 얇은 칼을 이용하여 분할할 수 있다. ㉢ 설기떡류 작업기준서에 따라 제품특성을 고려하여 찌는 시간과 온도를 조절할 수 있다. ㉣ 설기떡류 작업기준서에 따라 제품특성을 고려하여 면보자기나 찜기의 뚜껑을 덮어 제품의 수분을 조절할 수 있다.

주요항목	세부항목	세세항목
	⑤ 설기떡류 마무리하기	㉠ 설기떡류 작업기준서에 따라 제품 이동시에도 모양이 흐트러지지 않도록 포장할 수 있다. ㉡ 설기떡류 작업기준서에 따라 제품 특징에 맞는 포장지를 선택하여 포장할 수 있다. ㉢ 설기떡류 작업기준서에 따라 제품의 품질 유지를 위해 표기사항을 표시하여 포장할 수 있다.
	① 켜떡류 재료 준비하기	㉠ 켜떡류 제조에 적합하도록 작업기준서에 따라 필요한 재료를 준비할 수 있다. ㉡ 생산량에 따라 배합표를 작성할 수 있다. ㉢ 켜떡류 작업기준서에 따라 부재료의 특성을 고려하여 전처리할 수 있다. ㉣ 켜떡류의 종류와 특성에 따라 물에 불리는 시간을 조정하고 소금을 첨가할 수 있다.
	② 켜떡류 재료 계량하기	㉠ 배합표에 따라 제품별로 필요한 각 재료를 계량할 수 있다. ㉡ 배합표에 따라 부재료 첨가에 따른 물의 양을 조절할 수 있다. ㉢ 배합표에 따라 생산량을 고려하여 소금 · 설탕의 양을 조절할 수 있다.
	③ 켜떡류 빻기	㉠ 배합표에 따라 생산량을 고려하여 빻을 양을 계산하고 소금과 물을 첨가하여 빻을 수 있다. ㉡ 켜떡류 작업기준서에 따라 제품의 특성에 맞춰 빻는 횟수를 조절할 수 있다. ㉢ 재료의 특성에 따라 체질의 횟수를 조절하고 체눈의 크기를 선택하여 사용할 수 있다.
	④ 켜떡류 고물 준비하기	㉠ 켜떡류 작업기준서에 따라 사용될 고물 재료를 준비할 수 있다.
❷ 켜떡류 만들기	⑤ 켜떡류 켜 안치기	㉠ 켜떡류 작업기준서에 따라 빻은 재료와 고물을 안칠 켜의 수만큼 분할할 수 있다. ㉡ 켜떡류 작업기준서에 따라 찜기 밑에 시루포를 깔고 고물을 뿌릴 수 있다. ㉢ 켜떡류 작업기준서에 따라 뿌린 고물 위에 준비된 주재료를 뿌릴 수 있다. ㉣ 켜떡류 작업기준서에 따라 켜만큼 번갈아 가며 찜기에 켜켜이 채울 수 있다. ㉤ 켜떡류 작업기준서에 따라 찜기에 안칠 수 있다.
	⑥ 켜떡류 찌기	㉠ 준비된 재료를 켜떡류 작업기준서에 따라 찜기에 넣고 골고루 펴서 안칠 수 있다. ㉡ 켜떡류 작업기준서에 따라 최종 포장단위를 고려하여 찜기에 안쳐진 멥쌀 켜떡류는 찌기 전에 얇은 칼을 이용하여 분할하고, 찹쌀이 들어가면 찐 후 분할할 수 있다. ㉢ 켜떡류 작업기준서에 따라 제품특성을 고려하여 찌는 시간과 온도를 조절할 수 있다. ㉣ 켜떡류 작업기준서에 따라 제품특성을 고려하여 면보자기를 덮어 제품의 수분을 조절할 수 있다.
	⑦ 켜떡류 마무리하기	㉠ 켜떡류 작업기준서에 따라 제품 이동시에도 모양이 흐트러지지 않도록 포장할 수 있다. ㉡ 켜떡류 작업기준서에 따라 제품 특징에 맞는 포장지를 선택하여 포장할 수 있다. ㉢ 켜떡류 작업기준서에 따라 제품의 품질 유지를 위해 표기사항을 표시하여 포장할 수 있다.

주요항목	세부항목	세세항목
❸ 빚어 찌는 떡류 만들기	① 빚어 찌는 떡류 재료 준비하기	㉠ 빚어 찌는 떡류 제조에 적합하도록 작업기준서에 따라 필요한 재료를 준비할 수 있다. ㉡ 생산량에 따라 배합표를 작성할 수 있다. ㉢ 빚어 찌는 떡류 작업기준서에 따라 부재료의 특성을 고려하여 전처리할 수 있다. ㉣ 빚어 찌는 떡의 종류와 특성에 따라 물에 불리는 시간을 조정하고 소금을 첨가할 수 있다.
	② 빚어 찌는 떡류 재료 계량하기	㉠ 배합표에 따라 제품별로 필요한 각 재료를 계량할 수 있다. ㉡ 배합표에 따라 겉피와 속고물의 수분 평형을 고려하여 첨가되는 물의 양을 조절할 수 있다. ㉢ 배합표에 따라 생산량을 고려하여 소금 · 설탕의 양을 조절할 수 있다.
	③ 빚어 찌는 떡류 빻기	㉠ 배합표에 따라 생산량을 고려하여 빻을 양을 계산하고 소금과 물을 첨가하여 빻을 수 있다. ㉡ 빚어 찌는 떡류 작업기준서에 따라 제품의 특성에 맞춰 빻는 횟수를 조절할 수 있다. ㉢ 배합표에 따라 겉피에 첨가되는 부재료의 특성을 고려하여 전처리한 재료를 사용할 수 있다.
	④ 빚어 찌는 떡류 반죽하기	㉠ 빚어 찌는 떡류 작업기준서에 따라 익반죽 또는 생반죽할 수 있다. ㉡ 배합표에 따라 물의 양을 조절하여 반죽할 수 있다. ㉢ 배합표에 따라 속고물과 겉피의 수분비율을 조절하여 반죽할 수 있다.
	⑤ 빚어 찌는 떡류 빚기	㉠ 빚어 찌는 떡류 작업기준서에 따라 빚어 찌는 떡류의 크기와 모양을 조절하여 빚을 수 있다. ㉡ 빚어 찌는 떡류 작업기준서에 따라 겉편과 속편의 양을 조절하여 빚을 수 있다. ㉢ 빚어 찌는 떡류 작업기준서에 따라 부재료의 특성을 살려 색을 조화롭게 빚어낼 수 있다.
	⑥ 빚어 찌는 떡류 찌기	㉠ 빚어 찌는 떡류 작업기준서에 따라 제품특성을 고려하여 찌는 시간과 온도를 조절할 수 있다. ㉡ 빚어 찌는 떡류 작업기준서에 따라 제품특성을 고려하여 면보자기를 덮어 제품의 수분을 조절할 수 있다. ㉢ 빚어 찌는 떡류 작업기준서에 따라 풍미를 높이기 위해 부재료를 첨가할 수 있다. ㉣ 빚어 찌는 떡류 작업기준서에 따라 제품이 서로 붙지 않게 간격을 조절하여 찔 수 있다.
	⑦ 빚어 찌는 떡류 마무리하기	㉠ 빚어 찌는 떡류 작업기준서에 따라 찐 후 냉수에 빨리 식힌다. ㉡ 빚어 찌는 떡류 작업기준서에 따라 물기가 제거되면 참기름을 바를 수 있다. ㉢ 빚어 찌는 떡류 작업기준서에 따라 제품의 품질 유지를 위해 표기사항을 표시하여 포장할 수 있다.

주요항목	세부항목	세세항목
❹ 빚어 삶는 떡	① 빚어 삶는 떡류 재료 준비하기	㉠ 빚어 삶는 떡류 제조에 적합하도록 작업기준서에 따라 필요한 재료를 준비할 수 있다. ㉡ 생산량에 따라 배합표를 작성할 수 있다. ㉢ 빚어 삶는 떡류 작업기준서에 따라 부재료의 특성을 고려하여 전처리할 수 있다. ㉣ 빚어 삶는 떡의 종류와 특성에 따라 물에 불리는 시간을 조정하고 소금을 첨가할 수 있다.
	② 빚어 삶는 떡류 재료 계량하기	㉠ 배합표에 따라 제품별로 필요한 각 재료를 계량할 수 있다. ㉡ 배합표에 따라 떡류의 수분 평형을 고려하여 첨가되는 물의 양을 조절할 수 있다. ㉢ 배합표에 따라 생산량을 고려하여 소금의 양을 조절할 수 있다.
	③ 빚어 삶는 떡류 빻기	㉠ 배합표에 따라 생산량을 고려하여 빻을 양을 계산하고 소금과 물을 첨가하여 빻을 수 있다. ㉡ 빚어 삶는 떡류 작업기준서에 따라 제품의 특성에 맞춰 빻는 횟수를 조절할 수 있다. ㉢ 배합표에 따라 빚어 삶는 떡류에 첨가되는 부재료의 특성을 고려하여 전처리한 재료를 사용할 수 있다.
	④ 빚어 삶는 떡류 반죽하기	㉠ 빚어 삶는 떡류 작업기준서에 따라 익반죽 또는 생반죽할 수 있다. ㉡ 배합표에 따라 물의 양을 조절하여 반죽할 수 있다. ㉢ 배합표에 따라 빚어 삶는 떡류의 수분비율을 조절하여 반죽할 수 있다.
	⑤ 빚어 삶는 떡류 빚기	㉠ 빚어 삶는 떡류 작업기준서에 따라 빚어 삶는 떡류의 크기와 모양을 조절하여 빚을 수 있다. ㉡ 빚어 삶는 떡류 작업기준서에 따라 부재료의 특성을 살려 빚어낼 수 있다.
	⑥ 빚어 삶는 떡류 삶기	㉠ 빚어 삶는 떡류 작업기준서에 따라 제품특성을 고려하여 삶는 시간과 온도를 조절할 수 있다. ㉡ 빚어 삶는 떡류 작업기준서에 따라 풍미를 높이기 위해 부재료를 첨가할 수 있다. ㉢ 빚어 삶는 떡류 작업기준서에 따라 제품이 서로 붙지 않게 저어가며 삶을 수 있다.
	⑦ 빚어 삶는 떡류 마무리하기	㉠ 작업기준서에 따라 빚은 떡을 삶은 후 냉수에 빨리 식힐 수 있다. ㉡ 빚어 삶는 떡류 작업기준서에 따라 물기를 제거하여 고물을 묻힐 수 있다. ㉢ 빚어 삶는 떡류 작업기준서에 따라 제품의 품질 유지를 위해 표기사항을 표시하여 포장할 수 있다.
❺ 약밥 만들기	① 약밥 재료 준비하기	㉠ 약밥 만들기 제조에 적합하도록 작업기준서에 따라 필요한 재료를 준비할 수 있다. ㉡ 생산량에 따라 배합표를 작성할 수 있다. ㉢ 배합표에 따라 부재료를 필요한 양만큼 준비할 수 있다. ㉣ 약밥 만들기 작업기준서에 따라 부재료의 특성을 고려하여 전처리할 수 있다. ㉤ 약밥 만들기 작업기준서에 따라 찹쌀을 물에 불린 후 건져 물기를 빼고 소금을 첨가하여 찜기에 쪄서 준비할 수 있다. ㉥ 배합표에 따라 황설탕, 계피가루, 진간장, 대추 삶은 물(대추고), 캐러멜 소스, 꿀, 참기름을 준비할 수 있다.

주요항목	세부항목	세세항목
	② 약밥 재료 계량하기	⊙ 배합표에 따라 쪄서 준비한 재료를 계량할 수 있다. ⓒ 배합표에 따라 전처리된 부재료를 계량할 수 있다. ⓒ 배합표에 따라 황설탕, 계핏가루, 진간장, 대추 삶은 물(대추고), 캐러멜 소스, 꿀, 참기름을 계량할 수 있다.
	③ 약밥 혼합하기	⊙ 약밥 만들기 작업기준서에 따라 찹쌀을 찔 수 있다. ⓒ 약밥 만들기 작업기준서에 따라 계량된 황설탕, 계핏가루, 진간장, 대추 삶은 물(대추고), 캐러멜 소스, 꿀, 참기름을 넣어 혼합할 수 있다. ⓒ 약밥 만들기 작업기준서에 따라 혼합한 재료를 맛과 색이 잘 스며들도록 관리할 수 있다.
	④ 약밥 찌기	⊙ 약밥 만들기 작업기준서에 따라 혼합된 재료를 찜기에 넣고 골고루 펴서 안칠 수 있다. ⓒ 약밥 만들기 작업기준서에 따라 제품특성을 고려하여 찌는 시간과 온도를 조절할 수 있다. ⓒ 약밥 만들기 작업기준서에 따라 제품특성을 고려하여 면보자기를 덮어 제품의 수분을 조절할 수 있다.
	⑤ 약밥 마무리하기	⊙ 약밥 만들기 작업기준서에 따라 완성된 약밥의 크기와 모양을 조절하여 포장할 수 있다. ⓒ 약밥 만들기 작업기준서에 따라 제품 특징에 맞는 포장지를 선택하여 포장할 수 있다. ⓒ 약밥 만들기 작업기준서에 따라 제품의 품질 유지를 위해 표기사항을 표시하여 포장할 수 있다.
❻ 인절미 만들기	① 인절미 재료 준비하기	⊙ 인절미 제조에 적합하도록 작업기준서에 따라 필요한 찹쌀과 고물을 준비할 수 있다. ⓒ 생산량에 따라 배합표를 작성할 수 있다. ⓒ 인절미 작업기준서에 따라 부재료의 특성을 고려하여 전처리할 수 있다. ⓔ 인절미의 특성에 따라 물에 불리는 시간을 조절하고 소금을 가할 수 있다.
	② 인절미 재료 계량하기	⊙ 배합표에 따라 제품별로 필요한 각 재료를 계량할 수 있다. ⓒ 배합표에 따라 부재료 첨가에 따른 물의 양을 조절할 수 있다. ⓒ 배합표에 따라 생산량을 고려하여 소금의 양을 조절할 수 있다. ⓔ 배합표에 따라 인절미에 첨가되는 전처리된 부재료를 계량하여 사용할 수 있다.
	③ 인절미 빻기	⊙ 배합표에 따라 생산량을 고려하여 빻을 재료의 양을 계산하고 소금과 물을 첨가하여 빻을 수 있다. ⓒ 인절미 작업기준서에 따라 제품의 특성에 맞춰 빻는 횟수를 조절할 수 있다. ⓒ 제품의 특성에 따라 1, 2차 빻기 작업 수행시 분쇄기의 롤 간격을 조절할 수 있다. ⓔ 인절미 작업기준서에 따라 불린 쌀 대신 전처리 제조된 재료를 사용할 경우 불리는 공정과 빻기의 공정을 생략한다.

주요항목	세부항목	세세항목
	④ 인절미 찌기	㉠ 인절미류 작업기준서에 따라 찹쌀가루를 뭉쳐서 안칠 수 있다. ㉡ 인절미류 작업기준서에 따라 제품특성을 고려하여 찌는 온도와 시간을 조절하여 찔 수 있다.
	⑤ 인절미 성형하기	㉠ 인절미류 작업기준서에 따라 익힌 떡 반죽을 쳐서 물성을 조절할 수 있다. ㉡ 인절미류 작업기준서에 따라 제품을 식힐 수 있다. ㉢ 인절미류 작업기준서에 따라 제품특성에 따라 절단할 수 있다.
	⑥ 인절미 마무리하기	㉠ 인절미류 작업기준서에 따라 고물을 묻힐 수 있다. ㉡ 인절미류 작업기준서에 따라 포장할 수 있다. ㉢ 인절미류 작업기준서에 따라 표기사항을 표시할 수 있다.
❼ 고물류 만들기	① 찌는 고물류 만들기	㉠ 작업기준서와 생산량에 따라 배합표를 작성할 수 있다. ㉡ 작업기준서에 따라 필요한 재료를 준비할 수 있다. ㉢ 재료의 특성을 고려하여 전처리할 수 있다. ㉣ 전처리된 재료를 찜기에 넣어 찔 수 있다. ㉤ 작업기준서에 따라 제품특성을 고려하여 찌는 시간과 온도를 조절할 수 있다. ㉥ 찐 고물을 식혀 빻은 후 고물을 소분하여 냉장이나 냉동에 보관할 수 있다.
	② 삶는 고물류 만들기	㉠ 작업기준서와 생산량에 따라 배합표를 작성할 수 있다. ㉡ 작업기준서에 따라 필요한 재료를 준비할 수 있다. ㉢ 재료의 특성을 고려하여 전처리할 수 있다. ㉣ 전처리된 재료를 삶는 솥에 넣어 삶을 수 있다. ㉤ 작업기준서에 따라 제품특성을 고려하여 삶는 시간과 온도를 조절할 수 있다. ㉥ 삶은 고물을 식혀 빻은 후 고물을 소분하여 냉장이나 냉동에 보관할 수 있다.
	③ 볶는 고물류 만들기	㉠ 작업기준서와 생산량에 따라 배합표를 작성할 수 있다. ㉡ 작업기준서에 따라 필요한 재료를 준비할 수 있다. ㉢ 재료의 특성을 고려하여 전처리할 수 있다. ㉣ 전처리하다 재료를 볶음 솥에 넣어 볶을 수 있다. ㉤ 작업기준서에 따라 제품특성을 고려하여 볶는 시간과 온도를 조절할 수 있다. ㉥ 볶은 고물을 식혀 빻은 후 고물을 소분하여 냉장이나 냉동에 보관할 수 있다.
❽ 가래떡류 만들기	① 가래떡류 재료 준비하기	㉠ 작업기준서와 생산량을 고려하여 배합표를 작성할 수 있다. ㉡ 배합표 따라 원 · 부재료를 준비할 수 있다. ㉢ 작업기준서에 따라 부재료를 전처리할 수 있다. ㉣ 가래떡류의 특성에 따라 물에 불리는 시간을 조정할 수 있다.
	② 가래떡류 재료 계량하기	㉠ 배합표에 따라 제품별로 재료를 계량할 수 있다. ㉡ 배합표에 따라 부재료 첨가에 따른 물의 양을 조절할 수 있다. ㉢ 배합표에 따라 멥쌀에 소금을 첨가할 수 있다.
	③ 가래떡류 빻기	㉠ 작업기준서에 따라 원 · 부재료의 빻는 횟수를 조절할 수 있다. ㉡ 제품의 특성에 따라 1, 2차 빻기 작업 수행시 분쇄기 롤 간격을 조절할 수 있다. ㉢ 빻은 맵쌀가루의 입도, 색상, 냄새를 확인하여 분쇄작업을 완료할 수 있다. ㉣ 빻은 작업이 완료된 원재료에 부재료를 혼합할 수 있다.

주요항목	세부항목	세세항목
	④ 가래떡류 찌기	㉠ 작업기준서에 따라 준비된 재료를 찜기에 넣고 골고루 펴서 안칠 수 있다. ㉡ 작업기준서에 따라 찌는 시간과 온도를 조절할 수 있다. ㉢ 작업기준서에 따라 찜기 뚜껑을 덮어 제품의 수분을 조절할 수 있다.
	⑤ 가래떡류 성형하기	㉠ 작업기준서에 따라 성형노즐을 선택할 수 있다. ㉡ 작업기준서에 따라 쪄진 떡을 제병기에 넣어 성형할 수 있다. ㉢ 작업기준서에 따라 제병기에서 나온 가래떡을 냉각시킬 수 있다. ㉣ 작업기준서에 따라 냉각된 가래떡을 용도별로 절단할 수 있다.
	⑥ 가래떡류 마무리하기	㉠ 작업기준서에 따라 제품 특징에 맞는 포장지를 선택할 수 있다. ㉡ 작업기준서에 따라 절단한 가래떡을 용도별로 저온 건조 또는 냉동할 수 있다. ㉢ 작업기준서에 따라 제품별로 길이, 크기를 조절할 수 있다. ㉣ 작업기준서에 따라 제품별로 알코올 처리를 할 수 있다. ㉤ 작업기준서에 따라 제품별로 건조 수분을 조절할 수 있다. ㉥ 작업기준서에 따라 포장 표시면에 표기사항을 표시할 수 있다.
	① 찌는 찰떡류 재료 준비하기	㉠ 작업기준서와 생산량을 고려하여 배합표를 작성할 수 있다. ㉡ 배합표에 따라 원·부재료를 준비할 수 있다. ㉢ 부재료의 특성을 고려하여 전처리할 수 있다. ㉣ 찌는 찰떡류의 특성에 따라 물에 불리는 시간을 조정할 수 있다.
	② 찌는 찰떡류 재료 계량하기	㉠ 배합표에 따라 원·부재료를 계량할 수 있다. ㉡ 배합표에 따라 물의 양을 조절할 수 있다. ㉢ 배합표에 따라 찹쌀에 소금을 첨가할 수 있다.
❾ 찌는 찰떡류 만들기	③ 찌는 찰떡류 빻기	㉠ 작업기준서에 따라 원·부재료의 빻는 횟수를 조절할 수 있다. ㉡ 1, 2차 빻기 작업 수행 시 분쇄기의 롤 간격을 조절할 수 있다. ㉢ 빻기된 찹쌀가루의 입도, 색상, 냄새를 확인하여 빻는 작업을 완료할 수 있다. ㉣ 빻는 작업이 완료된 원재료에 부재료를 혼합할 수 있다.
	④ 찌는 찰떡류 찌기	㉠ 작업기준서에 따라 스팀이 잘 통과될 수 있도록 혼합된 원부재료를 시루에 담을 수 있다. ㉡ 작업기준서에 따라 찌는 시간과 온도를 조절할 수 있다. ㉢ 작업기준서에 따라 시루 뚜껑을 덮어 제품의 수분을 조절할 수 있다.
	⑤ 찌는 찰떡류 성형하기	㉠ 찐 재료에 대하여 물성이 적합한지 확인할 수 있다. ㉡ 작업기준서에 따라 찐 재료를 식힐 수 있다. ㉢ 작업기준서에 따라 제품의 종류별로 절단할 수 있다.
	⑥ 찌는 찰떡류 마무리하기	㉠ 노화 방지를 위하여 제품의 특성에 적합한 포장지를 선택할 수 있다. ㉡ 작업기준서에 따라 제품을 포장할 수 있다. ㉢ 작업기준서에 따라 포장 표시면에 표기사항을 표시할 수 있다. ㉣ 제품의 보관 온도에 따라 제품 보관 방법을 적용할 수 있다.

주요항목	세부항목	세세항목
❿ 지지는 떡	① 지지는 떡류 재료 준비하기	㉠ 지지는 떡류 작업기준서에 따라 재료를 준비할 수 있다. ㉡ 지지는 떡류 작업기준서에 따라 재료를 계량할 수 있다 ㉢ 지지는 떡류 작업기준서에 따라 찹쌀을 불릴 수 있다. ㉣ 지지는 떡류 작업기준서에 따라 부재료의 특성을 고려하여 전처리할 수 있다.
	② 지지는 떡류 빻기	㉠ 지지는 떡류 작업기준서에 따라 반죽에 첨가되는 부재료의 특성에 따라 전처리한 재료를 사용할 수 있다. ㉡ 지지는 떡류 작업기준서에 따라 제품의 특성에 맞게 빻는 횟수를 조절하여 빻을 수 있다. ㉢ 재료의 특성에 따라 체눈의 크기와 체질의 횟수를 조절할 수 있다.
	③ 지지는 떡류 지지기	㉠ 지지는 떡류 작업기준서에 따라 익반죽할 수 있다. ㉡ 지지는 떡류 작업기준서에 따라 크기와 모양에 맞게 성형할 수 있다. ㉢ 지지는 떡류 제품 특성에 따라 지진 후 속고물을 넣을 수 있다. ㉣ 지지는 떡류 제품 특성에 따라 고명으로 장식하고 즙청할 수 있다.
	④ 지지는 떡류 마무리하기	㉠ 지지는 떡류 작업기준서에 따라 포장할 수 있다. ㉡ 지지는 떡류 작업기준서에 따라 표기사항을 표시할 수 있다.
⓫ 위생관리	① 개인위생 관리하기	㉠ 위생관리 지침에 따라 두발, 손톱 등 신체 청결을 유지할 수 있다. ㉡ 위생관리 지침에 따라 손을 자주 씻고 건조하게 하여 미생물의 오염을 예방할 수 있다. ㉢ 위생관리 지침에 따라 위생복, 위생모, 작업화 등 개인위생을 관리할 수 있다. ㉣ 위생관리 지침에 따라 질병 등 스스로의 건강상태를 관리하고, 보고할 수 있다. ㉤ 위생관리 지침에 따라 근무 중의 흡연, 음주, 취식 등에 대한 작업장 근무수칙을 준수할 수 있다.
	② 가공기계 · 설비 위생 관리하기	㉠ 위생관리 지침에 따라 가공기계 · 설비위생 관리 업무를 준비, 수행할 수 있다. ㉡ 위생관리 지침에 따라 작업장 내에서 사용하는 도구의 청결을 유지할 수 있다. ㉢ 위생관리 지침에 따라 작업장 기계 · 설비들의 위생을 점검하고, 관리할 수 있다. ㉣ 위생관리 지침에 따라 세제, 소독제 등의 사용시, 약품의 잔류 가능성을 예방할 수 있다. ㉤ 위생관리 지침에 따라 필요시 가공기계 · 설비 위생에 관한 사항을 책임자와 협의할 수 있다.
	③ 작업장 위생 관리하기	㉠ 위생관리 지침에 따라 작업장 위생 관리 업무를 준비, 수행할 수 있다. ㉡ 위생관리 지침에 따라 작업장 청소 및 소독 매뉴얼을 작성할 수 있다. ㉢ 위생관리 지침에 따라 HACCP관리 매뉴얼을 운영할 수 있다. ㉣ 위생관리 지침에 따라 세제, 소독제 등의 사용시, 약품의 잔류 가능성을 예방할 수 있다. ㉤ 위생관리 지침에 따라 소독, 방충, 방서 활동을 준비, 수행할 수 있다. ㉥ 위생관리 지침에 따라 필요시 작업장 위생에 관한 사항을 책임자와 협의할 수 있다.

주요항목	세부항목	세세항목
⓬ 안전관리	① 개인 안전 준수하기	㉠ 안전사고 예방지침에 따라 도구 및 장비 등의 정리·정돈을 수시로 할 수 있다. ㉡ 안전사고 예방지침에 따라 위험·위해 요소 및 상황을 전파할 수 있다. ㉢ 안전사고 예방지침에 따라 지정된 안전 장구류를 착용하여 부상을 예방할 수 있다. ㉣ 안전사고 예방지침에 따라 중량물 취급, 반복 작업에 따른 부상 및 질환을 예방할 수 있다. ㉤ 안전사고 예방지침에 따라 부상이 발생하였을 경우 응급처치(지혈, 소독 등)를 수행할 수 있다. ㉥ 안전사고 예방지침에 따라 부상 발생시 책임자에게 즉각 보고하고 지시를 준수할 수 있다.
	② 화재 예방하기	㉠ 화재예방지침에 따라 LPG, LNG등 연료용 가스를 안전하게 취급할 수 있다. ㉡ 화재예방지침에 따라 전열 기구 및 전선 배치를 안전하게 취급할 수 있다. ㉢ 화재예방지침에 따라 화재 발생시 소화기 등을 사용하여 초기에 대응할 수 있다. ㉣ 화재예방지침에 따라 식품가공용 유지류의 취급 부주의에 따른 화상, 화재를 예방할 수 있다. ㉤ 화재예방지침에 따라 퇴근시에는 전기·가스 시설의 차단 및 점검을 의무화할 수 있다.
	③ 도구·장비안전 준수하기	㉠ 도구 및 장비 안전지침에 따라 절단 및 협착 위험 장비류 취급시 주의사항을 준수할 수 있다. ㉡ 도구 및 장비 안전지침에 따라 화상 위험 장비류 취급시 주의사항을 준수할 수 있다. ㉢ 도구 및 장비 안전지침에 따라 적정한 수준의 조명과 환기를 유지할 수 있다. ㉣ 도구 및 장비 안전지침에 따라 작업장 내의 이물질, 습기를 제거하여, 미끄럼 및 오염을 방지할 수 있다. ㉤ 도구 및 장비 안전지침에 따라 설비의 고장, 문제점을 책임자와 협의, 조치할 수 있다.

수험자 지참도구

연번	내용	규격	수량	세부기준
1	스크레이퍼	플라스틱	1개	
2	계량컵		1세트	
3	계량스푼		1세트	
4	기름솔		1개	
5	행주		1개	필요량만큼 준비
6	위생복	흰색 상하의 (흰색 하의는 앞치마로 대체가능)	1벌	• 기관 및 성명 등의 표식이 없을 것 　※ 반드시 특수 표식이나 무늬, 그림이 없는 흰색 위생복 착용 • 부직포 · 비닐 등 화재에 취약한 재질이 아닐 것 • 유색의 위생복, 위생모, 팔토시 착용한 경우, 일부 유색인 위생복 착용한 경우, 떡제조용 · 식품가공용 위생복이 아니며, 위의 위생복 기준에 적합하지 않은 위생복장인 경우 　⋯→ 전체 위생 항목 배점 0점 • 상의 : '흰색 위생 상의' 　– 소매 길이는 팔꿈치가 덮이는 길이 이상의 7부 · 9부 · 긴팔 착용 　– 팔꿈치 길이보다 짧은 소매는 작업 안전상 금지, 부적합할 경우 위생점수 전체 0점 　– 7부 · 9부 착용 시 수험자 필요에 따라 흰색 팔토시 사용 가능 　– 평상복(흰 티셔츠)을 착용한 경우 실격 처리 • 하의 : '흰색 긴 바지 위생복' 또는 '긴 바지와 흰색 앞치마' 　– 흰색앞치마 착용 시, 앞치마 길이는 무릎 아래까지 덮이는 길이일 것, 바지의 색상 · 재질은 무관하나, '반바지 · 짧은 치마 · 폭 넓은 바지' 등 안전과 작업에 방해가 되는 경우는 위생점수 전체 0점
7	위생장갑	면	1개	• 면장갑 • 안전 · 화상 방지 용도
8	위생장갑	비닐	5set	• 일회용 비닐 위생장갑 • 니트릴, 라텍스 등 조리용장갑 사용 가능
9	위생모	흰색	1개	• 기관 및 성명 등의 표식이 없을 것 • 흰색(흰색 머릿수건은 착용 금지) • 빈틈이 없고 일반 식품가공시 통용되는 위생모(모자의 크기 및 길이, 면 또는 부직포, 나일론 등의 재질은 무관) • 패션모자(흰털모자, 비니, 야구모자 등)를 착용한 경우 실격 처리

10	위생화, 작업화	작업화, 조리화, 운동화 등 (색상 무관)	1켤레	• 기관 및 성명 등의 표식이 없을 것 • 조리화, 위생화, 작업화, 발등이 덮이는 깨끗한 운동화 (단, 발가락, 발등, 발뒤꿈치가 모두 덮일 것) • 미끄러짐 및 화상의 위험이 있는 슬리퍼류, 작업에 방해가 되는 굽이 높은 구두, 속 굽 있는 운동화가 아닐 것
11	칼	조리용	1개	
12	대나무젓가락	40~50cm 정도	1개	
13	나무주걱		1개	
14	뒤집개		1개	
15	면보	30×30cm 정도	1개	
16	가위		1개	
17	키친타올		1롤	
18	체		1개	재질 무관(스테인리스체, 나무체 등), 28×6.5cm 정도의 중간체, 재료 전처리 등 다용도 활용
19	비닐		필요량	재료 전처리 또는 떡을 덮는 용도 등 다용도용으로 필요량만큼 준비
20	저울	조리용	1개	• g단위, 공개문제의 요구사항(재료양)을 참고하여 재료개량에 사용할 수 있는 저울로 준비 • 미지참 시 시험장에 구비된 공용 저울 사용 가능
21	절구공이 (밀대)	크기, 재질 무관	1개	

지참준비물 상세 안내

• 준비물별 수량은 최소 수량을 표시한 것이므로 필요 시 추가 지참 가능
• 종이컵, 호일, 랩, 수저 등 일반적인 조리용 소모품은 필요 시 개별 지참 가능
  – 떡제조 기능 평가에 영향을 미치지 않는 조리용 소모품(종이컵, 호일, 랩, 수저 등)은 지참이 가능하나, "몰드, 틀" 등과 같이 기능 평가에 영향을 미치는 도구는 사용 금지
  – 지참준비물 외 개별 지참한 도구가 있을 경우, 시험 당일 감독위원에게 사용 가능 여부 확인 후 사용, 감독위원에게 확인하지 않고 개별 지참한 도구 사용 시 채점 시 불이익이 있을 수 있음에 유의
• 길이를 측정할 수 있는 눈금표시가 있는 조리기구는 사용 금지(눈금칼, 눈금도마, 자 등)
• 시험징내 모든 개인물품에는 기관 및 성명 등의 표시가 없어야 함

개인위생 상세 안내

- **장신구** : 착용 금지. 시계, 반지, 귀걸이, 목걸이, 팔찌 등 장신구는 이물, 교차오염 등의 식품위생을 위해 착용하지 않을 것
- **두발** : 단정하고 청결할 것. 머리카락이 길 경우 머리카락이 흘러내리지 않도록 단정히 묶거나 머리망 착용할 것
- **손, 손톱** : 길지 않고 청결해야 하며 매니큐어, 인조손톱 부착을 하지 않을 것. 손에 상처가 없어야 하나, 상처가 있을 경우 보이지 않도록 할 것

※ 안전사고 발생 처리 : 칼 사용(손 베임) 등으로 안전사고 발생시 응급조치를 하여야 하며, 응급조치에도 지혈이 되지 않을 경우 시험 진행 불가

주요 시험장 시설

연번	내용	규격	수량	비고
1	조리대		1대	1인용
2	씽크대		1대	1인용
3	제품 제출대		1대	공용
4	냉장고		1대	공용
5	찜기 (물솥, 시루망 및 시루 포함)	대나무찜기	2조	1인용
6	가스레인지		1대	1인용(2구)
7	저울		1대	공용
8	체	스테인리스	1개	1인용
9	도마		1개	1인용
10	스테인리스 볼		각 1개씩	1인용
11	접시		2개	1인용
12	냄비		1개	1인용

※ 위의 주요 시험장 시설은 참고사항이며, 표기된 규격(크기 등)은 시험장 시설에 따라 상이할 수 있음을 양지하시기 바랍니다.

❶ 떡제조에 필요한 도구

대나무찜기

대나무찜기는 25cm(3호), 27cm(4호), 30cm(5호)가 있는데 일반적으로 25cm를 많이 사용합니다. 대나무찜기를 처음 사용할 때에는 물솥에 물과 식초를 넣고 대나무찜기를 한 번 쪄서 소독을 하고 사용합니다. 사용한 후 씻을 때는 세제를 사용하지 않고 물로만 세척합니다. 바람이 통하지 않는 곳에 보관하면 곰팡이가 생길 수 있으므로 바람이 잘 통하는 그늘진 곳에 보관합니다. 마른 대나무찜기에 쌀가루를 안쳐 떡을 찔 경우 떡이 설익을 수 있습니다. 따라서 마른 대나무찜기는 물에 충분히 담가주어 대나무찜기가 촉촉한 상태에서 떡을 쪄야 떡이 맛이 좋습니다.

물솥

스텐 물솥과 알루미늄 물솥, 높은 물솥과 낮은 물솥이 있습니다. 높이와 상관없이 물의 양은 물솥 높이의 반을 넣습니다. 물솥에는 대나무찜기를 올릴 수 있게 홈이 나있는데 이 홈과 대나무찜기가 조금이라도 뜨면 떡이 익지 않으므로 쌀가루를 안친 시루를 올릴 때에는 항상 홈에 잘 맞게 올렸는지 확인합니다.

중간체

멥쌀가루를 체 칠 때 사용합니다. 쌀가루에 소금을 고루 섞을 때나 쌀가루에 수분을 넣고 수분을 고루 섞을 때 사용합니다.

어레미체

체의 구멍이 가장 큰 체로 고물체, 굵은체라고도 합니다. 찹쌀을 내릴 때나 각종 고물을 내릴 때 사용합니다.

구름떡틀

찰떡을 모양 집아 굳히거나 양갱을 굳힐 때 사용합니다.

시룻밑

대나무찜기에 쌀가루나 고물류가 빠지지 않게 깔아줍니다. 면보 대신 사용하는데 실리콘 재질이라 면보보다 세척이 편하고 떡이 덜 들러붙습니다.

스텐 계단볼

중간체나 어레미체가 걸쳐질 수 있게 계단이 나있어 체 내리기가 편합니다.

스크레이퍼

쌀가루의 윗면을 깨끗이 다듬을 때나 찰떡류를 자를 때 사용합니다.

계량컵

단위는 200ml로 스텐, 플라스틱, 투명 등 다양한 종류가 있습니다. 떡을 만들 때에는 주로 스텐으로 된 것을 사용합니다.

계량스푼

수분을 잡을 때나 부재료를 추가할 때 사용합니다. 스텐으로 된 것을 주로 사용합니다.

❷ 수분 잡기 및 쌀가루 만들기

(1) 멥쌀의 수분 잡기

❶ 설기류를 만들 때에는 수분 잡기가 매우 중요합니다. 물을 적게 잡으면 푸석거리고 퍽퍽하며, 많이 잡으면 질척하고 입자가 거칠어 단면이 예쁘지 않습니다.

❷ 떡을 만들 때에는 하룻밤 물에 불려 빻은 습식 쌀가루를 이용하는데 이 습식 쌀가루가 갖고 있는 수분은 온도, 물의 양, 불린 시간에 따라 조금씩 다르기 때문에 떡을 만드는 사람은 멥쌀가루의 상태에 따라 수분 잡는 법을 익혀야 합니다.

❸ 실기시험 요구사항에 보면 "떡 제조시 물의 양은 적정량으로 혼합하여 제조하시오(단, 쌀가루는 물에 불려 소금간을 하지 않고 2회 빻은 쌀가루이다)."라고 기재되어 있습니다.

❹ 보통 불린 멥쌀은 "소금간"을 하고 "1차 분쇄 → 물주기 → 2차 분쇄"를 하여 멥쌀가루로 만듭니다. 소금간은 하지 않았다고 명시되어 있기 때문에 비율[100(쌀가루) : 1(소금)]에 따라 소금을 넣으면 되지만 2차 분쇄하기 전에 물을 얼마만큼 넣어 분쇄하였는지에 대한 부분은 나와 있지 않습니다. 따라서 물을 아예 넣지 않고 빻은 쌀가루든 조금 넣어 빻은 쌀가루든 수분을 적절히 잡는 방법을 가장 쉽게 설명해드리겠습니다.

❺ 인터넷, 떡과 관련된 서적을 보면 대개 주먹 쥐어 흔들어 보아 깨지지 않을 때까지 수분 잡기를 한다고 나와 있습니다. 그런데 사람이 매번 똑같은 힘으로 주먹을 쥔다는 것은 쉽지 않아 위와 같은 방법으로 수분 잡기를 한다면 어느 날은 건조하고 어느 날은 물이 많아 적절한 수분 잡기가 어렵습니다.

❻ 이런 문제를 해결하기 위해 수분 잡기를 하는 다른 방법을 설명해드리겠습니다.
첫 번째, 쌀가루의 2/3가 덩어리질 때까지 물을 넣는다.
두 번째, 중간체에 한 번 내린 후 손으로 저어 쌀가루의 뭉침 정도를 확인한다(사진 및 콩설기 동영상 참고).
세 번째, 수분이 부족하면 추가로 수분을 잡고 다시 체를 친다.

❼ 수분이 부족하면 맛도 떨어지지만 떡의 호화가 원활하게 이루어지지 않을 수도 있습니다. 콩설기가 시험 문제로 주어졌기 때문에 멥쌀의 수분 잡기를 반드시 익혀 시험에 대비하시기 바랍니다.

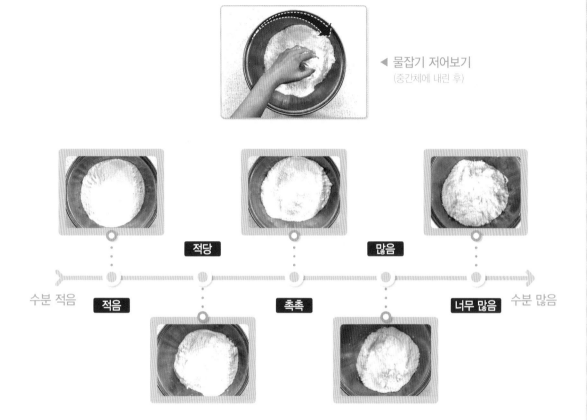

◀ 물잡기 저어보기
(중간체에 내린 후)

적당   많음

수분 적음   적음   촉촉   너무 많음   수분 많음

(2) 찹쌀의 수분 잡기

❶ 찹쌀은 멥쌀과 달리 소금을 넣고 1차 분쇄만 합니다.

❷ 찹쌀가루는 원래 물을 넣지 않고 내리기 때문에 실기시험에 주어지는 습식 쌀가루의 상태는 충분히 예상 가능한 상태로 인절미류의 물량은 쌀가루 양의 10%(쌀가루 1kg일 경우 물 100g), 다른 찰떡은 쌀가루 양의 5%를 넣으면 무난합니다(쌀가루 1kg일 경우 물은 50g(5T)).

안치는 방법	쌀가루 1kg당
켜떡, 찌는 떡류	물 50g
인절미류	물 100g

(3) 쌀가루 만들기

❶ 쌀을 깨끗이 씻어 불립니다.

구분	멥쌀	멥쌀(현미, 흑미)	찹쌀	찹쌀(현미, 흑미, 수수)
여름	6시간	12시간	4시간	8시간
겨울	12시간	24시간	8시간	16시간

❷ 쌀을 물에 오래 담글 경우 쌀이 상할 수 있기 때문에 3~4시간에 한 번씩 물을 갈아주면서 불려줍니다.

❸ 체에 밭쳐 물기를 30분 정도 뺀 후 방앗간에 가져가 빻습니다. 30분 정도 물을 빼는 이유는 쌀의 수분 함량을 일정하게 하기 위해서입니다. 쌀을 체에 오래 밭쳐 놓으면 쌀이 마를 수 있으니 유의하세요. 쌀을 빻을 때 소금 간(불린쌀 100g당 소금 1g)은 하고 물은 넣지 않습니다.

❹ 쌀가루는 한 번 쓸 분량만큼 위생팩에 담아 냉동보관합니다. 이때 멥쌀, 찹쌀 표기를 꼭 해줍니다.

❺ 냉동보관한 쌀가루는 하루 전날 냉장고에서 해동하여 사용합니다. 여름철 실온에서 해동할 경우 쉰내가 날 수 있으니 유의하세요.

❻ 멥쌀을 적정시간 불린 후 가루로 빻으면 23~25% 정도의 수분을 흡수하고, 찹쌀을 적정시간 불린 후 가루로 빻으면 37~40% 정도의 수분을 흡수합니다.

(4) 시험 전 꼭 알아둘 점

- 떡에는 기본 공식이 있습니다. 바로 1(소금):10(설탕):100(쌀가루)인데요. 쌀가루가 800g이 주어지면 소금 8g, 설탕 80g을 넣으면 됩니다(찹쌀, 멥쌀 동일).
- 대나무시루는 촉촉해야 떡이 잘 쪄져요. 시험장의 시루가 새 시루일 경우 물에 충분히 적신 후 물솥에 올려주세요.
- 물솥에 물은 물솥 높이의 반절로 넣어주세요. 물이 반절 이상으로 너무 많으면 떡 밑 부분이 젖을 수 있고 물이 반절 밑으로 너무 적으면 떡이 안 쪄질 수 있어요.
- 쌀가루를 안칠 때에는 중간중간 고르게 해주세요.
- 물솥에 시루가 조금이라도 뜨면 떡이 익지 않기 때문에 대나무시루는 물솥 홈에 딱 맞게 올려주세요.
- 물이 팔팔 끓은 후 찜기를 올리고 나면 시간(알람)을 맞춰주세요.
- 대나무시루 위로 수증기가 잘 올라오는지 반드시 확인해주세요.
- 수증기가 쌀가루를 치고 올라오는 시간은 5~10분 정도 걸려요. 10분이 지났는데도 수증기가 시루 위로 원활하게 올라오지 않으면 떡이 전체적으로 안 쪄질 수 있어요.
- 뜸들이기는 미처 호화되지 못한 쌀가루의 호화를 도와주고 떡의 노화를 늦춰줍니다.

❸ 재료의 전처리

(1) **강낭콩, 서리태** : 깨끗이 씻은 후 물에 12시간 이상 불려서 사용합니다.

(2) **밤** : 겉껍질과 속껍질을 모두 벗긴 후 용도에 맞게 슬라이스하거나 깍둑썰기하여 사용합니다.

> ★TIP★ 밤채를 썰 때에는 밤에 수분이 많아 자꾸 부서지기 때문에 채썰기가 쉽지 않습니다. 이럴 때는 밤을 설탕물에 담근 후 살짝 건조시켜 채를 썰면 좋습니다.

(3) **완두배기** : 끓는 물에 살짝 데쳐 사용합니다.

> ★TIP★ 완두배기는 설탕과 물을 1:1로 넣고 조린 것을 말합니다. 완두배기 자체가 너무 달기 때문에 살짝 데쳐 사용합니다.

(4) **적팥** : 적팥을 삶을 때에는 삶은 첫 물을 버리고 다시 물을 받아 살짝 퍼지게 삶아줍니다.

(5) **호두** : 속껍질을 이쑤시개로 벗겨 사용하거나 뜨거운 물에 데친 후 사용합니다.

> ★TIP★ 끓는 물에 식초를 넣고 호두를 데치면 속껍질이 쉽게 벗겨집니다. 호두를 데치지 않고 그냥 사용할 경우 호두 주름 사이에 낀 쌀가루는 설익을 수 있습니다.

(6) **호박고지** : 잘 마른 호박고지는 물로 한 번 헹궈 내거나 설탕을 넣은 미지근한 물에 5분 정도 불린 후 물기를 짜내고 적당한 크기로 자릅니다.

> ★TIP★ 찰떡에는 씹히는 맛이 있는 고물을 넣는 게 맛이 좋습니다. 호박고지를 찰떡에 넣을 때는 식감을 위해 물에 불리지 않고 사용하고 물메떡에 호박고지를 넣을 때에는 물에 불려 부드러운 식감을 냅니다.

(7) **대추** : 쌀가루에 섞어 고물로 사용할 때에는 끓는 물에 한 번 데친 후 사용합니다.

> ★TIP★ 호두와 마찬가지로 데치지 않고 사용하면 대추 주름 사이에 낀 쌀가루가 설익을 수 있습니다. 대추꽃을 만들 때에는 끓는 물에 데치면 뭉개지기 때문에 데치지 않고 물로만 깨끗이 헹궈 사용합니다.

(8) **거피팥, 거피녹두** : 껍질을 벗긴 팥, 녹두라고 하여 거피팥, 거피녹두라 불립니다. 4~6시간 불린 후 여러 번 헹궈 남아있는 껍질을 완전히 제거하고 김 오른 찜기에 무를 때까지 찝니다. 용도에 따라 찧어 한 덩어리로 만들 거나 어레미체에 내려 뿌리는 고물류로 만들어 사용합니다.

(9) **쑥** : 질기고 억센 줄기를 제거하고 물에 깨끗이 씻어 소금을 넣고 끓는 물에 데칩니다. 데친 후 찬물에 헹궈 물기를 짜고 사용할 만큼 소분하여 냉동보관합니다.

(10) **잣** : 잣은 고깔을 떼어내고 사용합니다.

(11) **곶감** : 곶감은 씨를 제거하고 용도에 맞게 채 썰거나 적당한 크기로 잘라 사용합니다.

(12) **건크랜베리, 건포도** : 너무 말라있으면 사이다에 살짝 재운 후 사용하면 맛이 좋습니다.

❹ 고물류 만들기

(1) 거피팥고물

❶ 거피팥을 여러 번 헹궈 깨끗하게 씻은 후 4~6시간 물에 불려줍니다.

❷ 불린 팥은 남아있는 껍질을 완전히 제거한 후 시루에 안쳐줍니다.

❸ 김 오른 찜기에 20~30분간 쪄줍니다.

❹ 다 쪄진 거피팥은 스텐볼에 쏟아 부은 후 소금을 넣고 절구로 대강 쪄줍니다.

❺ 대강 찧은 거피팥을 어레미체에 한 번 내려줍니다.

❻ 설탕을 섞어줍니다.

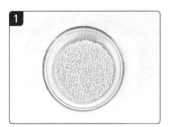

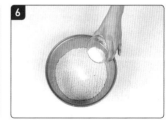

✎ TIP

• 거피팥은 회색팥의 껍질을 제거한 것으로 손으로 일일이 껍질을 제거하기 어렵기 때문에 거피되어 있는 것을 사용합니다.

• 거피팥의 남은 껍질을 제거할 때에는 불린 물(제물)에서 손으로 비비면 잘 벗겨집니다.

• 물로 헹궈 껍질이 위로 뜨면 따라내어 남은 껍질을 완전히 제거해주세요.

• 거피팥을 오래 찌면 질어져요. 질어졌을 때에는 팬에 볶아 수분을 날려 사용해주세요.

• 거피팥이 마른 정도에 따라 찌는 시간이 달라지기 때문에 시간이 어느 정도 지나면 손으로 으깨보아 부드럽게 으깨질 때까지 쪄주세요.

(2) 녹두고물

① 거피녹두를 깨끗하게 씻은 후 4~6시간 물에 불려줍니다. 불린 녹두는 여러 번 헹궈내어 남은 껍질을 완전히 제거한 후 체에 받쳐 물기를 빼줍니다.

② 물기를 뺀 녹두를 시루에 안쳐줍니다.

③ 김 오른 찜기에 20~30분간 쪄줍니다.

④ 다 쪄진 거피녹두는 스텐볼에 쏟아부은 후 소금을 넣고 절구로 대강 쪄줍니다.

⑤ 대강 찧은 거피팥을 어레미체에 한 번 내려줍니다.

⑥ 설탕을 섞어줍니다.

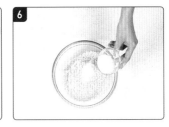

TIP

- 거피팥과 만드는 방법이 같아요.
- 거피녹두는 대강 찧은 후 한 덩어리로 만들어 송편이나 단자의 소로 쓰이고 체에 내려 시루떡 고물로도 쓰여요.

(3) 편콩고물

❶ 백태는 깨끗하게 씻은 후 소금을 약간 넣고 콩이 무를 정도로 삶아줍니다.

❷ 다 삶은 백태는 체에 밭쳐 물기를 빼고 소금을 넣은 후 팬에 볶습니다.

❸ 백태의 껍질이 갈라질 때까지 중약불로 천천히 볶습니다.

❹ 볶은 백태는 소금을 넣고 분쇄기에 곱게 갈아줍니다.

❺ 분쇄기에 곱게 간 백태는 그릇에 덜어내어 설탕 간을 해줍니다.

TIP

• 백태를 삶을 때에는 뚜껑을 열고 15~20분 정도 콩에 주름이 안보일 때까지 삶아주세요.

• 센 불에 볶으면 탈 수 있기 때문에 중약불로 천천히 껍질이 터져 갈라질 때까지 볶아주세요.

(4) 붉은팥고물

① 적팥을 깨끗하게 씻은 후 살짝 퍼지게 삶아 소금과 설탕을 넣어줍니다.

② 팬에 볶아줍니다.

③ 하얀 분이 생길 때까지 볶아줍니다.

✎ TIP

• 냄비에 팥이 잠길 만큼의 물을 부은 후 물이 끓으면 3~5분 정도 더 끓이고 물을 버려주세요. 첫 물을 버리지 않고 삶으면 팥의 사포닌 성분이 속을 쓰리게 할 수 있어요.

• 첫 물을 버린 팥은 다시 물을 붓고 살짝 퍼지게 삶은 후 뜸을 들이세요.

• 팬에 볶지 않고 2~3시간 정도 넓은 쟁반에 펼쳐 식히면 자연스레 하얀 분이 생겨요. 시험 볼 때처럼 시간이 충분히 없을 때에는 팬에서 볶아 빠르게 분을 내주세요.

(5) 밤고물

❶ 밤을 깨끗하게 씻은 후 푹 삶아줍니다.

❷ 밤의 겉껍질과 속껍질을 벗겨줍니다.

❸ 껍질을 벗긴 밤에 소금을 넣어 고루 섞어줍니다.

❹ 절구로 대강 빻아줍니다.

❺ 대강 빻은 밤을 어레미체에 한 번 내려줍니다.

📎 TIP

• 껍질을 벗긴 후 찜기에 쪄줘도 돼요.

(6) 참깨고물

❶ 이물질을 고른 후 깨끗하게 씻은 참깨를 팬에 볶아줍니다.

❷ 참깨를 절구에 갈아줍니다.

❸ 설탕과 섞어 용도에 맞게 사용합니다.

 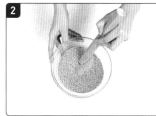 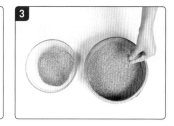

📎 **TIP**

• 참깨가루(송편소, 꿀떡)로 만들 때는 참깨를 전체 다 곱게 갈고, 참깨고물(깨찰편)로 쓸 때에는 통깨가 살아있게 반절만 갈아주세요.

설기떡류 만들기

백 설 기

콩 설 기 떡

쑥 설 기

떡 케 이 크

삼색 무지개떡

석 이 병

잡 과 병

백 편

PART 1

백설기

백설기는 멥쌀가루에 수분 잡기하여 체에 곱게 내려 찐 떡으로 백일상과 돌상에 올려주었다.
기호에 따라 콩, 건포도, 대추, 밤, 호박, 고구마 등을 섞어 찌면 다양한 맛으로 즐길 수 있다.

◆ 필요한 도구

물솥, 대나무찜기, 시룻밑, 스텐볼, 중간체, 스크레이퍼, 계량스푼, 전자저울, 등분칼, 면장갑, 위생장갑

◆ 재료 및 분량

재료명	비율(%)	무게(g)
멥쌀가루	100	800
설탕	10	80
소금	1	8
물	-	적정량

◆ 합격포인트

- 적정량의 소금 넣기
- 적절한 수분 잡기
- 찜기에 쌀가루 고르게 안치기
- 균등하게 칼금 내기

◆ 요구사항 : 제시되지 않음

MEMO

01 **소금 넣기 → 체 내리기**

1 스텐볼을 계량저울에 올리고 눈금을 0
으로 맞춘 뒤 쌀가루 800g에 소금 8g을
계량한다.
2 쌀가루에 소금을 넣은 뒤 중간체에 한
번 내린다.

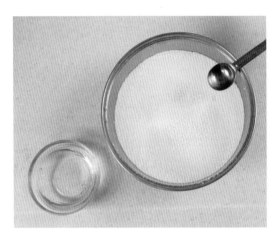

02 **수분 잡기 → 체 내리기**

1 쌀가루에 수분을 잡아준다.
2 수분 잡은 쌀가루는 중간체에 한 번 내
린다.
3 수분을 추가로 더 잡았을 때는 다시 한
번 체에 내린다.

03 **설탕 넣기 → 안치기 → 고르기**

1 설탕을 넣고 가볍게 섞어준다.
2 찜기에 쌀가루를 안친다.
3 쌀가루를 고르게 해준다.

04 다듬기

1 쌀가루의 단면을 스크레이퍼로 매끈하
게 다듬어준다.

05 칼금 내기 → 찌기 → 뜸들이기

1 시루에 안친 쌀가루는 균등하게 칼금을
그어준다.
2 물솥의 물이 끓으면 시루를 올린 후 20
분간 찐다.
3 불을 끄고 뚜껑을 덮은 채로 5분간 뜸을
들인다.

Key Point

- 메떡은 수분 잡기가 중요해요.
- 수분을 잡고 체에 친 후 손으로 저었을 때 덩어리
지면 적당히 수분이 잘 잡힌 거예요.
(콩설기 동영상의 수분 잡기 영상을 참고하세요)
- 쌀가루를 시루에 안칠 때에는 누르거나 흔들지 말
고 그대로 부어주세요. 그래야 쌀가루 사이의 공기
층을 살려주어 떡의 맛이 좋아져요.

시험시간 1시간

난이도 ★★★☆☆

콩설기떡

콩설기는 멥쌀가루에 수분 잡기하여 서리태를 섞어 찐 떡으로,
콩의 식감은 포근포근하고 콩은 달지 않아야 맛있다.

◆ 필요한 도구

물솥, 대나무찜기, 스텐볼, 중간체, 스크레이퍼, 계량스푼, 전자저울, 냄비, 타이머, 면장갑, 위생장갑

◆ 재료 및 분량

재료명	비율(%)	무게(g)
멥쌀가루	100	700
설탕	10	70
소금	1	7
물	-	적정량
불린 서리태	-	160

◆ 합격포인트

- 불린 서리태는 포근한 식감으로 삶거나 찌기
- 멥쌀가루에 적당량 소금 넣기
- 적절한 수분 잡기
- 찜기에 쌀가루 고르게 안치기

◆ 요구사항

※ 다음 요구사항대로 콩설기떡을 만들어 제출하시오.
① 떡 제조 시 물의 양은 적정량으로 혼합하여 제조하시오.
   (단, 쌀가루는 물에 불려 소금 간을 하지 않고 2회 빻은 쌀가루이다)
② 불린 서리태를 삶거나 쪄서 사용하시오.
③ 서리태의 1/2은 바닥에 골고루 펴 넣으시오.
④ 서리태의 1/2은 멥쌀가루와 골고루 혼합하여 찜기에 안치시오.
⑤ 찜기에 안친 쌀가루반죽을 물솥에 얹어 찌시오.
⑥ 서리태를 바닥에 골고루 펴 넣은 면이 위로 오도록 그릇에 담고, 썰지 않은 상태로 전량 제출하시오.

01 계량하기

1 저울의 눈금을 0으로 맞추고 쌀가루와
소금을 정확하게 계량한다.

02 콩 삶기

1 콩이 잠길 만큼 물을 넣고 소금을 약간
넣은 후 콩을 삶는다.
2 물이 끓으면 5분 이상 삶는다.
3 삶은 콩은 체에 밭쳐 물기를 빼준다.

03 소금 넣기 → 체 내리기 → 수분 잡기 → 체 내리기

1 쌀가루에 소금을 넣어 섞는다.
2 쌀가루를 중간체에 한 번 내린다.
3 쌀가루에 수분을 잡는다.
4 수분이 잡힌 쌀가루를 중간체에 내린다.

04 설탕 넣기 → 등분 하기 → 안치기

1 쌀가루에 설탕을 넣고 가볍게 섞어준다.
2 콩은 저울로 무게를 잰 후 2등분 한다.
3 나누어놓은 콩의 반은 시루에 고루 뿌려
　안친다.

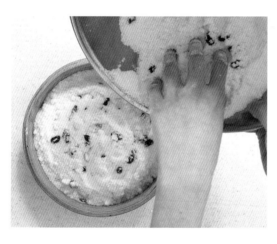

05 첨가하기 → 다듬기 → 찌기 → 뜸들이기

1 남은 콩의 반을 쌀가루에 넣고 가볍게
　섞어준다.
2 쌀가루를 시루에 안친 후 쌀가루 위 단
　면을 스크레이퍼로 깔끔하게 다듬는다.
3 물이 끓으면 물솥 위에 시루를 올린다.
4 시루에 안친 쌀가루는 20분간 찐다.
5 불을 끄고 뚜껑을 덮은 채로 5분간 뜸을
　들인다.

Key Point

- 요구사항에 불린 서리태를 삶거나 쪄서 사용하라고 제시되어 있어요. 작업시간을 줄이려
　면 서리태를 찌는 것보다 삶는 것이 좋아요.
- 콩을 삶을 때 뚜껑은 처음부터 열고 삶아야 물이 넘치지 않아요.
- 완전히 불린 콩을 줄 경우 5분이면 다 삶아지지만 덜 불린 콩이 제공될 수 있으므로 콩
　의 상태에 따라 5분 이상 삶아줍니다.
- 스크레이퍼로 윗단면을 고르게 할 때 콩이 걸린다면 콩을 살짝 눌러줘도 괜찮아요.

시험시간 1시간

난이도 ★★★☆☆

쑥설기

쑥설기는 멥쌀가루에 쑥을 넣고 수분 잡기하여 체에 내려 찐 떡으로 삶은 쑥을 사용하거나
쑥가루를 사용하여 만든다. 쑥향이 좋은 봄에 많이 해먹는 떡이다.

◆ 필요한 도구

물솥, 대나무찜기, 스텐볼, 중간체, 스크레이퍼, 계량스푼, 전자저울, 등분칼, 면장갑, 위생장갑

◆ 재료 및 분량

재료명	비율(%)	무게(g)
멥쌀가루	100	800
설탕	10	80
소금	1	8
물	-	적정량
쑥가루	-	20

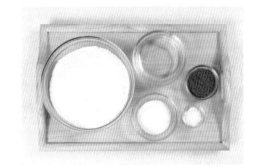

◆ 합격포인트

- 적절한 수분 잡기
- 적정량의 소금 넣기
- 적당량의 쑥가루 첨가하기
- 찜기에 쌀가루 고르게 안치기
- 균등하게 칼금 내기

◆ 요구사항 : 제시되지 않음

MEMO

01 소금 넣기 → 체 내리기

1 스텐볼을 계량저울에 올리고 눈금을 0 으로 맞춘 뒤 쌀가루 800g에 소금 8g을 계량한다.

2 쌀가루에 소금을 넣은 뒤 중간체에 내 린다.

02 쑥가루 넣기 → 수분 잡기 → 체 내리기

1 분량의 쑥가루를 넣어준다.

2 쑥가루를 고루 섞어준다.

3 쌀가루에 수분을 잡아준다.

4 수분 잡은 쌀가루를 중간체에 내린다.

03 설탕 넣기 → 안치기 → 고르기

1 설탕을 넣어 가볍게 섞어준다.

2 쌀가루를 시루에 안친다.

3 쌀가루를 저어가며 고르게 해준다.

04 다듬기

1 컴퍼스를 쓰듯이 가운데를 축으로 잡고 360° 돌려가며 단면을 고르게 해준다.

05 칼금 내기 → 찌기 → 뜸들이기

1 시루에 안친 쌀가루에 칼을 90°로 세워 칼금을 균등하게 내준다.

2 물솥에 물이 끓으면 시루를 물솥 위에 올려주고 20분간 찐다.

3 불을 끄고 뚜껑을 덮은 채로 5분간 뜸을 들인다.

Key Point

• 천연색소를 넣을 때에는 가루를 넣고 고루 섞었을 때 보이는 색으로 천연색소의 양을 가늠해요. 가루를 넣은 후 수분 잡기를 하면 한 톤 진해지고, 찌면 한 톤 더 진해집니다.

• 칼금을 낼 때에는 칼을 90°로 세워줘야 밑부분까지 칼금이 잘 들어요.

• 쌀가루를 체에 여러 번 내려 줄수록 쌀가루의 입자가 고와지기 때문에 설기의 식감은 더욱 부드러워져요.

떡케이크

무스틀에 쌀가루를 안쳐 동그란 모양의 케이크 형태로 만든 떡으로
멥쌀가루에 다양한 재료를 활용하여 만들 수 있다.

◆ 필요한 도구

물솥, 대나무찜기, 스텐볼, 중간체, 스크레이퍼, 계량스푼, 전자저울, 무스틀(小), 궁중팬, 실리콘주걱, 손잡이체, 면장갑, 위생장갑

◆ 재료 및 분량

재료명	비율(%)	무게(g)
멥쌀가루	100	800
설탕	12.5	100
소금	1	8
막걸리	-	적정량
아몬드가루	-	20
버터	-	1T
커피가루	-	20

◆ 재료 및 분량(견과조림)

재료명	무게(g)
호두	70
크렌베리	30
호박씨	50
캐슈넛	50
통아몬드	70
물엿	1T
물	80
설탕	100
슈가파우더	1T

◆ 합격포인트

- 적정량의 소금 넣기
- 적당량의 커피가루 첨가하기
- 적절한 수분 잡기
- 무스틀 사용법
- 견과조림 장식하기

◆ 요구사항 : 제시되지 않음

MEMO

01 소금 넣기 → 체 내리기 → 부재료 넣기 → 수분 잡기 → 체 내리기

1 쌀가루에 분량의 소금을 넣어준다.
2 소금을 고루 섞은 후 중간체에 한 번 내린다.
3 커피가루는 뜨거운 물에 개어준다.
4 아몬드가루, 버터, 물에 갠 커피가루를 넣어준다.
5 쌀가루에 막걸리로 수분을 잡는다.
6 수분 잡은 쌀가루는 중간체에 내린다.

02 설탕 넣기 → 체 내리기

1 쌀가루에 분량의 설탕을 넣고 가볍게 섞는다.
2 쌀가루를 중간체에 내린다.

03 안치기 → 다듬기 → 틀 제거하기 → 찌기

1 무스틀을 시루 중앙에 넣어준다.
2 쌀가루를 시루에 안친 후 쌀가루의 단면을 스크레이퍼로 매끈하게 다듬는다.
3 무스틀을 제거한다.
4 물이 끓으면 시루를 물솥에 올려주고 20분간 찐다.
5 불을 끄고 뚜껑을 덮은 채로 5분간 뜸을 들인다.

04 시럽 만들기 → 견과류 조리기

1 냄비에 물과 설탕을 넣고 끓인다.
2 시럽이 바글바글 끓으면 물엿을 넣고 저어준다.
3 시럽에 견과류를 넣고 고루 섞어준다.
4 물기가 없을 때까지 조린다.

05 장식하기

1 다 쪄진 떡은 그릇에 엎어준다.
2 떡케이크 위에 조린 견과류를 보기 좋게 올려준다.
3 손잡이 체에 슈가파우더를 넣고 살살 흔들어 견과류 위에 뿌려준다.

Key Point

• 물 대신 막걸리로 수분을 잡으면 설기의 향과 맛이 더 좋아져요.
• 커피의 쓴 맛 때문에 설탕을 더 넣어줘야 해요.
• 무스틀을 넣고 떡을 찌면 스텐틀이 뜨거워져 닿는 부분의 쌀가루가 하얗게 말라 맛과 모양이 떨어지기 때문에 스텐틀은 빼고 쪄요(스텐틀을 둥글게 움직여주면 쌀가루와 스텐틀 사이에 틈이 벌어져서 빼기 쉬워요).

삼색 무지개떡

무지개떡은 멥쌀가루를 여러 색의 수대로 나누어 각각 천연색소를 넣고 수분 잡기하여 체에 내려 찐 떡이다.
여러 개의 색이 첨가되어 무지개떡이라고 하며 색편 또는 오색편이라고도 부른다.

◆ 필요한 도구

물솥, 대나무찜기, 시룻밑, 스텐볼, 중간체, 계량스푼, 스크레이퍼, 전자저울, 칼, 도마, 위생장갑, 밀대

◆ 재료 및 분량

재료명	비율(%)	무게(g)
멥쌀가루	100	750
설탕	10	75
소금	1	8
물	-	적정량
치자	-	1개
쑥가루	-	3
대추	-	3개
잣	-	2

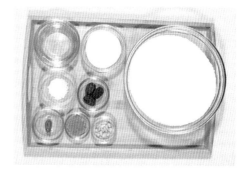

◆ 합격포인트

- 적정량의 소금 넣기
- 멥쌀가루 수분 적절히 잡기
- 대추, 잣으로 고르게 장식하기
- 쌀가루에 적당한 색내기
- 8등분 칼금 내기

◆ 요구사항

※ 다음 요구사항대로 무지개떡(삼색)을 만들어 제출하시오.

① 떡 제조 시 물의 양은 적정량으로 혼합하여 제조하시오.

　(단, 쌀가루는 물에 불려 소금 간하지 않고 2회 빻은 멥쌀가루이다)

② 삼색의 구분이 뚜렷하고 두께가 같도록 떡을 안치고 8등분으로 칼금을 넣으시오.

　(삼색의 구분은 아래부터 '쑥쌀가루', '치자쌀가루', '흰쌀가루' 순으로 한다)

③ 대추와 잣을 흰쌀가루에 고명으로 올려 찌시오.

　(잣은 반으로 쪼개어 비늘잣으로 만들어 사용하시오)

④ 고명이 위로 올라오게 담아 전량 제출하시오.

01 치자 불리기 → 고물 손질하기

1 통치자는 미지근한 물에 불려 놓는다.
2 대추는 물에 헹구어 준 후 물기를 제거하고 돌려 깎아준다.
3 밀대로 밀어 두께를 고르게 한 후 돌돌 말아 일정한 두께로 썬다.
4 잣은 반으로 갈라 비늘잣을 만든다.

02 계량하기 → 소금 넣기 →
체 내리기 → 등분 하기

1 전자저울에 스텐볼을 올리고 눈금을 0으로 맞춘 후 제시된 분량을 정확하게 계량한다.
2 쌀가루에 소금을 넣은 후 고루 섞어준다.
3 중간체에 한 번 내린다.
4 쌀가루의 전체 무게를 잰 후 쌀가루를 3등분 해놓는다.

03 색 들이기 → 수분잡기 →
체 내리기 → 설탕 넣기

1 첫 번째 쌀가루에 수분을 잡은 후 체에 내린다.
2 두 번째 쌀가루에 치자 불린 물을 적당량 넣은 후 수분을 잡아 체에 내린다.
3 세 번째 쌀가루에 쑥가루를 넣은 후 수분을 잡아 체에 내린다.
4 각각의 쌀가루에 설탕을 넣어 준다.

04 안치기 → 다듬기 → 칼금내기 → 장식하기

1 쑥쌀가루 – 치자쌀가루 – 쌀가루 순서로 시루에 안친다.
2 스크레이퍼로 각각의 단면을 매끄럽게 다듬어 준다.
3 8등분 칼금을 낸다.
4 대추, 잣으로 장식한다.

05 찌기 → 뜸들이기 → 담아내기

1 물이 끓으면 물솥 위에 시루를 올려 25분 찐다.
2 불을 끄고 뚜껑을 덮은 채로 5분간 뜸을 들인다.
3 다 쪄진 떡은 두 번 뒤집어 대추, 잣으로 장식한 부분이 위로 오게 그릇에 담아낸다.

Key Point

- 치자는 미지근한 물에 10분 정도 불려주세요.
- 쌀가루에 색을 들일 때에는 확실히 구분이 가능할 정도로 색을 내주세요.
- 스크레이퍼로 단면을 다듬을 때는 최대한 고르게 다듬어 주세요.
- 칼금을 내기 어려울 때에는 밀대로 축을 잡고 칼금을 그어주세요.

시험시간 1시간

난이도 ★★★☆☆

석이병

석이병은 멥쌀가루에 석이가루를 섞고 수분 잡기하여 체에 내려 찐 떡이다.

석이가루는 석이를 뜨거운 물에 불린 후 손바닥으로 비벼 검은 물이 나오지 않을 때까지 여러 번 씻어

물기를 꼭 짜내고 햇볕에 바짝 말려 가루 낸 것으로 그 향과 맛이 매우 좋다.

◆ 필요한 도구

물솥, 대나무찜기, 스텐볼, 중간체, 스크레이퍼, 계량스푼, 전자저울, 칼, 도마, 면장갑, 위생장갑

◆ 재료 및 분량

재료명	비율(%)	무게(g)
멥쌀가루	100	800
설탕	10	80
소금	1	8
물	-	적정량
석이가루	-	20
잣	-	적당량
대추	-	적당량
호박씨	-	적당량

◆ 합격포인트

- 적정량의 소금 넣기
- 적당량의 석이가루 첨가하기
- 적절한 수분 잡기
- 찜기에 쌀가루 고르게 안치기
- 대추꽃과 잣, 호박씨로 장식하기

◆ 요구사항 : 제시되지 않음

MEMO

01 소금 넣기 → 체 내리기 → 첨가하기

1 쌀가루에 소금을 넣은 후 고루 섞는다.
2 쌀가루를 중간체에 한 번 내린다.
3 쌀가루에 석이가루를 넣고 고루 섞어준다.

02 수분 잡기 → 체 내리기 → 설탕 넣기

1 쌀가루에 수분을 잡아준다.
2 쌀가루를 중간체에 한 번 내린다.
3 추가로 수분을 넣을 경우 다시 체에 내린다.
4 설탕을 넣고 가볍게 섞어준다.

03 안치기 → 고르기

1 쌀가루를 시루에 안친다.
2 시루를 흔들거나 쌀가루를 누르지 말고 가볍게 저어 고르게 한다.

04 다듬기 → 칼금 내기 → 찌기 → 뜸들이기

1 쌀가루의 윗면을 스크레이퍼로 깔끔하게 다듬는다.
2 균등하게 칼금을 낸다.
3 물솥의 물이 끓으면 시루를 올려준 후 20분간 찐다.
4 불을 끄고 뚜껑을 덮은 채로 5분간 뜸을 들인다.

05 장식하기

1 다 쪄진 떡은 두 번 뒤집어 떡의 윗면이 위로 오게 접시에 담는다.
2 대추꽃과 잣, 호박씨로 장식한다.

Key Point

- 쌀가루에 마른 가루를 첨가할 때에는 쌀가루의 수분을 조금 촉촉하게 잡아주세요.
- 대추꽃은 대추를 깨끗이 씻은 후 돌려깎아 0.2~0.3mm로 일정하게 썰어줍니다.
- 대추꽃과 잣, 호박씨 장식은 찌고 난 후에 해주세요.

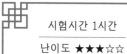

시험시간 1시간

난이도 ★★★☆☆

잡과병

잡과병은 멥쌀가루에 수분 잡기하여 밤, 대추, 곶감, 호두 등을 섞어 찐 떡으로
멥쌀가루에 여러 과일을 섞는다고 하여 잡과병(雜果)이라는 이름이 붙었다.
상큼한 유자향에 여러 과일이 잘 어우러져 맛으로도 영양적으로도 우수한 떡이다.

◆ 필요한 도구

물솥, 대나무찜기, 스텐볼, 중간체, 스크레이퍼, 계량스푼, 전자저울, 칼, 도마, 면장갑, 위생장갑

◆ 재료 및 분량

재료명	비율(%)	무게(g)
멥쌀가루	100	600
설탕	10	60
소금	1	6
물	-	적정량
밤	-	2개
곶감	-	1개
대추	-	2개
호두	-	5알
잣	-	1T
유자건지	-	10

◆ 합격포인트

- 적정량의 소금 넣기
- 적절한 수분 잡기
- 부재료 손질하기
- 찜기에 쌀가루 고르게 안치기

◆ 요구사항 : 제시되지 않음

MEMO

01 재료 손질하기

1 밤은 껍질을 벗긴 후 알이 작은 것은 4
등분, 알이 큰 것은 6등분 해준다.

2 곶감은 씨를 제거한 후 굵게 채 썬다.

3 호두는 1/4등분 한다.

4 대추는 끓는 물에 데친 후 돌려깎아 씨
를 제거하고 6등분 해준다.

5 잣은 고깔을 떼어준다.

02 소금 넣기 → 체 내리기 → 수분 잡기 → 체 내리기

1 쌀가루에 소금을 넣고 섞는다.

2 쌀가루를 중간체에 한 번 내린다.

3 쌀가루에 수분을 잡아준다.

4 수분을 잡은 쌀가루를 중간체에 다시 한
번 내린다.

03 설탕 넣기 → 첨가하기

1 쌀가루에 설탕을 넣고 가볍게 섞어준다.

2 손질한 고물을 모두 쌀가루에 넣어준다.

04 섞어주기 → 안치기 → 고르기

1 쌀가루에 넣은 고물이 뭉치지 않게 가볍게 섞어준다.
2 고물 섞은 쌀가루를 시루에 안친다.
3 쌀가루를 중간중간 고르게 한다.

05 다듬기 → 찌기 → 뜸들이기

1 쌀가루의 윗단면을 스크레이퍼로 고르게 다듬는다.
2 물이 끓으면 물솥 위에 시루를 올린다.
3 시루에 안친 쌀가루는 20분간 찐다.
4 불을 끄고 뚜껑을 덮은 채로 5분간 뜸을 들인다.

Key Point

• 호두, 대추를 끓는 물에 데치지 않고 쌀가루에 섞어 사용하면 호두와 대추 주름 사이에 낀 쌀가루가 설익을 수 있기 때문에 꼭 데친 후 사용해주세요.
• 스크레이퍼로 쌀가루를 다듬을 때 고물에 걸려서 깔끔하게 다듬기 어렵다면 고물을 살짝 눌러줘도 괜찮아요.

시험시간 1시간

난이도 ★★★☆☆

백 편

멥쌀가루를 시루에 안친 뒤 대추채, 밤채, 석이버섯채, 잣 등을 고명으로 얹어 쪄낸 떡이다.

시루에 떡을 안치는 방법에 따라서 설기떡·편·두텁떡·무리떡 등으로 불린다.

◆ 필요한 도구

물솥, 대나무찜기, 시룻밑, 스텐볼, 중간체, 계량스푼, 스크레이퍼, 전자저울, 칼, 도마, 위생장갑, 밀대

◆ 재료 및 분량

재료명	비율(%)	무게(g)
멥쌀가루	100	500
설탕	10	50
소금	1	5
물	-	적정량
깐밤	-	3개
대추	-	5개
잣	-	2

◆ 합격포인트

- 적정량의 소금 넣기
- 밤, 대추를 일정한 두께로 곱게 채썰기
- 멥쌀가루 수분 적절히 잡기

◆ 요구사항

※ 다음 요구사항대로 백편을 만들어 제출하시오.

① 떡 제조 시 물의 양은 적정량으로 혼합하여 제조하시오.

　(단, 쌀가루는 물에 불려 소금 간하지 않고 2회 빻은 멥쌀가루이다)

② 밤, 대추는 곱게 채썰어 사용하고 잣은 반으로 쪼개어 비늘잣으로 만들어 사용하시오.

③ 쌀가루를 찜기에 안치고 윗면에만 밤, 대추, 잣을 고물로 올려 찌시오.

④ 고물을 올린 면이 위로 오도록 그릇에 담고 썰지 않은 상태로 전량 제출하시오.

01 고물 손질하기

1 밤은 일정한 두께로 채 썬다.
2 밤은 색이 변하지 않게 물에 담가 놓는다.
3 대추는 물에 헹구어 준 후 물기를 제거하고 돌려 깎아준다.
4 밀대로 밀어 두께를 고르게 한 후 채 썬다.
5 잣은 반으로 잘라 비늘잣을 만든다.

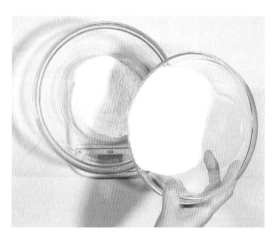

02 계량하기 → 소금 넣기

1 전자저울에 스텐볼을 올리고 눈금을 0으로 맞춘 후 제시된 분량을 정확하게 계량한다.
2 쌀가루에 소금을 넣은 후 고루 섞어준다.
3 중간체에 한 번 내린다.

03 수분잡기 → 체 내리기 → 설탕 넣기

1 멥쌀가루에 수분을 잡아준다.
2 중간체에 내린다.
3 설탕을 넣어 고루 섞는다.

04 안치기 → 고물 올리기

1 시루에 쌀가루를 안친다.
2 윗 단면을 스크레이퍼로 고르게 다듬는다.
3 고물을 올린다.

05 찌기 → 뜸들이기 → 담아내기

1 물이 끓으면 물솥 위에 시루를 올려 20분 찐다.
2 불을 끄고 뚜껑을 덮은 채로 5분간 뜸을 들인다.
3 다 쪄진 떡은 두 번 뒤집어 고물을 올린 면이 위로 오게 그릇에 담아낸다.

Key Point

• 밤은 부서지지 않고 고르게 썰 수 있게 연습이 필요해요.
• 스크레이퍼로 윗면을 매끈하게 다듬어 주세요.
• 고물을 올릴 때에는 한쪽에 치우치지 않게 조금씩 고르게 올려 주세요.

켜떡류 만들기

붉은팥 메시루떡

붉은팥 찰시루떡

거피팥 시루떡

녹두 시루떡

콩찰편

깨찰편

두텁떡

물호박떡

구름떡

PART 2

붉은팥 메시루떡

적팥고물을 멥쌀가루에 켜켜이 올려 안친 떡이다. 적팥의 붉은색이 잡귀를 물리쳐 액을 막아준다고 하여
고사를 지내거나 이사를 할 때 만들어 이웃과 나누어 먹었다.

◆ 필요한 도구

물솥, 대나무찜기, 스텐볼, 중간체, 스크레이퍼, 계량스푼, 전자저울, 궁중팬, 나무주걱, 면장갑, 위생장갑

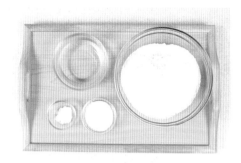 

◆ 재료 및 분량(쌀가루)

재료명	비율(%)	무게(g)
멥쌀가루	100	600
설탕	10	60
소금	1	6
물	-	적정량

◆ 재료 및 분량(팥고물)

재료명	무게(g)
적팥	450 (2컵 반)
소금	2/3t
설탕	50

◆ 합격포인트

- 적정량의 소금 넣기
- 적절한 수분 잡기
- 팥은 살짝 퍼지게 삶고 분내기
- 시루에 고르게 안치기

◆ 요구사항 : 제시되지 않음

MEMO

01 팥 삶기 → 소금 넣기 → 설탕 넣기

1 팥은 이물질을 잘 고른 후 물에 삶아준다.
2 물이 끓으면 3~5분 후 물을 버리고 다시 물을 받아 삶아준다.
3 살짝 퍼지게 삶은 팥은 체에 밭쳐 물기를 뺀다.
4 궁중팬에 팥과 소금을 넣고 섞어준다.
5 팥에 설탕을 넣고 고루 섞어준다.

02 팥 분내기

1 팥이 눌러 붙지 않게 볶아준다.
2 팥에 하얀 분이 전체적으로 생길 때까지 볶아준다.

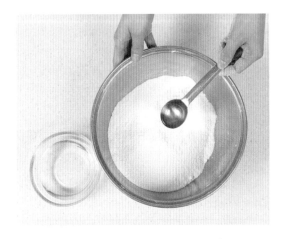

03 소금 넣기 → 체 내리기 → 수분 잡기 → 체 내리기

1 쌀가루에 소금을 넣고 섞어준다.
2 쌀가루를 중간체에 한 번 내린다.
3 쌀가루에 수분을 잡아준다.
4 수분을 잡은 쌀가루를 중간체에 다시 한 번 내린다.

04 설탕 넣기 → 안치기

1 쌀가루에 설탕을 넣고 가볍게 섞어준다.
2 팥고물–쌀가루–팥고물–쌀가루–팥고
　물 순서로 시루에 안친다.

05 다듬기 → 찌기 → 뜸들이기

1 쌀가루의 윗단면은 스크레이퍼로 다듬
　어준다.
2 다듬은 쌀가루 위에 남은 팥을 마저 올
　려 마무리한다.
3 물이 끓으면 물솥 위에 시루를 올린다.
4 시루에 안친 쌀가루는 20분간 찐다.
5 불을 끄고 뚜껑을 덮은 채로 5분간 뜸을
　들인다.

Key Point

• 팥은 살짝 퍼지게 삶아준 후 뜸을 들이세요.
• 팥에 하얀 분을 낼 때에는 중간불로 천천히 볶아 수분을 날려주세요. 자꾸 뒤적거리면 팥
　이 뭉개지기 때문에 타지 않게 한 번씩만 저어주세요.

붉은팥 찰시루떡

적팥고물을 찹쌀가루에 켜켜이 올려 안친 떡이다. 적팥의 붉은색이 잡귀를 물리쳐 액운을 막아준다고 하여
고사를 지내거나 이사를 할 때 만들어 이웃과 나누어 먹었다.

◆ 필요한 도구

물솥, 대나무찜기, 스텐볼, 스크레이퍼, 계량스푼, 전자저울, 궁중팬, 나무주걱, 면장갑, 위생장갑

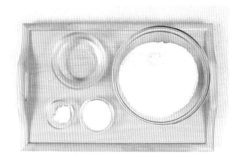 

◆ 재료 및 분량(쌀가루)

재료명	비율(%)	무게(g)
찹쌀가루	100	600
설탕	10	60
소금	1	6
물	-	30

◆ 재료 및 분량(팥고물)

재료명	무게(g)
적팥	450 (2컵 반)
소금	2/3t
설탕	50

◆ 합격포인트

- 적정량의 소금 넣기
- 적절한 수분 잡기
- 팥은 살짝 퍼지게 삶고 분내기
- 시루에 고르게 안치기

◆ 요구사항 : 제시되지 않음

MEMO

01 팥 삶기 → 소금 넣기 → 설탕 넣기

1 팥은 이물질을 잘 고른 후 물에 삶아준다.
2 물이 끓으면 3~5분 후 물을 버리고 다시 물을 받아 삶아준다.
4 살짝 퍼지게 삶은 팥을 체에 밭쳐 물기를 뺀다.
5 궁중팬에 팥과 소금을 넣고 섞어준다.
6 팥에 설탕을 넣고 고루 섞어준다.

02 팥 분내기

1 팥이 눌어붙지 않게 볶아준다.
2 팥에 하얀 분이 전체적으로 생길 때까지 볶아준다.

03 소금 넣기 → 수분 잡기

1 쌀가루에 소금을 넣고 섞어준다.
2 쌀가루에 수분을 잡아준다.
3 수분이 고루 섞이게 잘 비벼준다.

04 설탕 넣기 → 안치기

1 쌀가루에 설탕을 넣고 가볍게 섞어준다.
2 팥고물-쌀가루-팥고물-쌀가루-팥고물 순서로 시루에 안친다.

05 다듬기 → 찌기

1 쌀가루의 윗단면은 스크레이퍼로 다듬어준다.
2 다듬은 쌀가루 위에 남은 팥을 마저 올려 마무리한다.
3 물이 끓으면 물솥 위에 시루를 올린다.
4 시루에 안친 쌀가루는 시루 뚜껑 위로 김이 오르는 것을 확인한 후 20분간 찐다.

Key Point

• 찹쌀가루는 체에 내리면 입자가 고와져 수증기가 치고 올라오는 데 어려울 수 있기 때문에 멥쌀떡과는 다르게 수분을 잡은 후 체에 내리지 않고 고루 비벼 수분을 섞어줘야 해요.
• 찹쌀로 안친 켜떡은 찜기 뚜껑 위로 수증기가 잘 올라오는지 꼭 확인해주세요(수증기가 쌀가루를 치고 올라 뚜껑 위로 김이 올라오기까지는 대개 5~10분 정도 걸려요. 시간이 지나도 수증기가 원활하게 올라오지 않는다면 떡이 전체적으로 안 쪄질 수 있어요).
• 김이 오른 뒤 20분간 쪄주세요.
• 찰떡은 메떡보다 오래 찌기 때문에 뜸을 들이지 않아요.

거피팥 시루떡

거피팥고물을 찹쌀가루에 켜켜이 올려 안친 떡이다. 붉은팥보다 껍질이 얇아 벗기기 쉬운 회색팥을 거피하여
고물로 만든다. 하얀색의 고물로 인절미 고물, 송편 소로도 쓰이며 주로 시루떡을 만들 때 사용된다.

◆ 필요한 도구

물솥, 대나무찜기, 시룻밑, 스텐볼, 어레미체, 스크레이퍼, 계량스푼, 전자저울, 나무주걱, 절구, 면장갑, 위생장갑

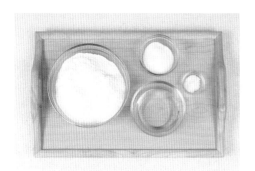 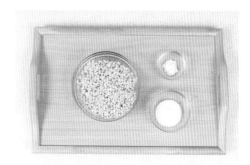

◆ 재료 및 분량(쌀가루)

재료명	비율(%)	무게(g)
찹쌀가루	100	600
설탕	10	60
소금	1	6
물	-	30

◆ 재료 및 분량(팥고물)

재료명	무게(g)
거피팥	270 (1컵 반)
소금	2/3t
설탕	30

◆ 합격포인트

- 적정량의 소금 넣기
- 찹쌀에 적당량의 수분 잡기
- 거피팥고물 내기

◆ 요구사항 : 제시되지 않음

MEMO

01 거피팥 불리기 → 찌기

1 거피팥을 4~6시간 불린다.
2 불린 거피팥을 물에 여러 번 헹궈 껍질을 완전히 제거한다.
3 거피팥을 체에 받쳐 물기를 뺀다.
4 거피팥을 시루에 안친다.
5 물이 끓으면 시루를 물솥에 올린다.
6 시루에 안친 거피팥은 20~30분간 무를 때까지 찐다.

02 소금 넣기 → 체 내리기 → 설탕 넣기

1 다 쪄진 거피팥을 볼에 쏟아부은 후 소금을 넣고 고루 섞어준다.
2 거피팥을 절구에 넣고 대강 찧는다.
3 거피팥을 어레미체에 한 번 내린다.
4 체에 내린 거피팥에 설탕을 넣고 고루 섞는다.

03 소금 넣기 → 수분 잡기 → 설탕 넣기

1 찹쌀가루에 소금을 넣고 고루 섞는다.
2 찹쌀가루에 수분 잡기를 한 후 손으로 비벼 수분을 고루 섞어준다.
3 찹쌀가루에 설탕을 넣고 가볍게 섞는다.

04 안치기

1 거피팥을 먼저 깔아준다.
2 대나무시루에 거피팥–쌀가루–거피팥–쌀가루–거피팥 순서로 안친다.

05 다듬기 → 찌기

1 쌀가루와 거피팥의 윗단면을 스크레이퍼로 깔끔하게 다듬어준다.
2 물이 끓으면 시루를 물솥 위에 올린다.
3 대나무시루 뚜껑 위로 김이 오르면 20분간 찐다.
4 다 쪄지면 불을 끄고 그릇에 올린다.

Key Point

• 거피팥은 손으로 부드럽게 으깨질 때까지 쪄주세요.
• 쌀가루를 시루에 안친 후 물솥에 올리면 처음에는 수증기가 뚜껑 위로 올라오지 않아요. 수증기가 쌀가루를 치고 올라오는 데까지는 대개 5~10분 정도 걸리니 수증기가 올라오는 것을 확인한 후부터 20분간 시간을 재요.

시험시간 1시간

난이도 ★★★★☆

녹두 시루떡

녹두고물을 찹쌀가루에 켜켜이 올려 안친 떡이다.

고물 중에 최고봉이라는 녹두고물은 맛도 영양가도 좋다. 녹두는 거피된 것을 사용한다.

◆ 필요한 도구

물솥, 대나무찜기, 시룻밑, 스텐볼, 어레미체, 스크레이퍼, 계량스푼, 전자저울, 나무주걱, 면장갑, 위생장갑

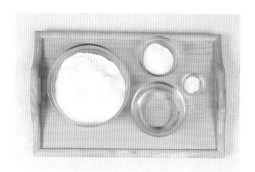 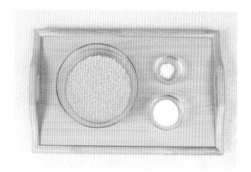

◆ 재료 및 분량(쌀가루)

재료명	비율(%)	무게(g)
찹쌀가루	100	600
설탕	10	60
소금	1	6
물	-	30

◆ 재료 및 분량(녹두고물)

재료명	무게(g)
거피녹두	270 (1컵 반)
소금	2/3t
설탕	30

◆ 합격포인트

- 적정량의 소금 넣기
- 찹쌀에 적당량의 수분 잡기
- 녹두고물 내기

◆ 요구사항 : 제시되지 않음

MEMO

01 거피녹두 불리기 → 찌기

1 거피녹두를 4~6시간 불린다.
2 불린 거피녹두를 물에 여러 번 헹궈 남은 껍질을 완전히 제거한다.
3 거피녹두를 체에 밭쳐 물기를 뺀다.
4 거피녹두를 시루에 안친다.
5 물이 끓으면 시루를 물솥에 올린다.
6 시루에 안친 거피녹두는 20~30분간 무를 때까지 찐다.

02 소금 넣기 → 체 내리기 → 설탕 넣기

1 다 쪄진 거피녹두를 볼에 쏟아부은 후 소금을 넣고 고루 섞어준다.
2 거피녹두를 절구에 넣고 대강 찧는다.
3 거피녹두를 어레미체에 한 번 내린다.
4 체에 내린 거피녹두는 설탕을 넣고 고루 섞는다.

03 소금 넣기 → 수분 잡기 → 설탕 넣기

1 찹쌀가루에 소금을 넣고 고루 섞는다.
2 찹쌀가루에 수분 잡기를 한 후 손으로 비벼 수분을 고루 섞어준다.
3 찹쌀가루에 설탕을 넣고 가볍게 섞는다.

04 안치기

1 거피녹두를 먼저 깔아준다.

2 대나무시루에 거피녹두-쌀가루-거피녹두-쌀가루-거피녹두 순서로 안친다.

05 다듬기 → 찌기

1 쌀가루와 거피녹두의 윗단면을 스크레이퍼로 깔끔하게 다듬어준다.

2 물이 끓으면 시루를 물솥 위에 올린다.

3 대나무시루 뚜껑 위로 김이 오르면 20분간 찐다.

4 다 쪄지면 불을 끄고 그릇에 낸다.

Key Point

• 거피팥 시루떡과 녹두 시루떡은 고물 종류만 바뀔 뿐 안치는 방법과 소금, 설탕 간도 같아요. 켜떡의 대부분은 고물의 종류만 바뀔 뿐 큰 틀은 같기 때문에 외우기보다는 이해를 하는 것이 좋아요.

콩찰편

불린 서리태에 소금, 설탕 간을 하고 찹쌀 위아래 켜에 깔아 찐 떡이다.
콩설기와는 달리 콩이 달달해야 맛있다.

◆ 필요한 도구

물솥, 대나무찜기, 시룻밑, 스텐볼, 스크레이퍼, 계량스푼, 전자저울, 궁중팬, 나무주걱, 면장갑, 위생장갑

◆ 재료 및 분량

재료명	비율(%)	무게(g)
찹쌀가루	100	600
설탕	10	60
소금	1	6
물	-	30
서리태	-	270 (1컵 반)
소금	-	약간
흑설탕	-	50

◆ 합격포인트

- 적정량의 소금 넣기
- 찹쌀에 적당량의 수분 잡기
- 서리태고물 내기

◆ 요구사항 : 제시되지 않음

MEMO

01 서리태고물 내기

1 서리태는 12시간 이상 불린다.
2 불린 서리태는 체에 밭쳐 물기를 뺀다.
3 서리태를 궁중팬에 넣은 후 소금과 흑설탕 3T를 넣어준다.
4 서리태는 팬에 볶아 흑설탕이 없어질 때까지 조린다.
5 다 조려진 서리태는 그릇에 넣어 식힌다.

02 소금 넣기 → 수분 잡기 → 설탕 넣기

1 찹쌀가루에 소금을 넣고 고루 섞는다.
2 찹쌀가루에 수분 잡기를 한 후 손으로 비벼 수분을 고루 섞어준다.
3 찹쌀가루에 설탕을 넣고 가볍게 섞는다.

03 안치기

1 볶아놓은 서리태는 반절로 나누어준다.
2 반절을 시룻밑에 고루 뿌려 안친다.

04 다듬기 → 찌기

1 서리태 위에 쌀가루를 안친다.
2 쌀가루의 단면을 스크레이퍼로 고르게 다듬는다.
3 다듬은 쌀가루 위에 남은 서리태를 올려 준다.
4 물이 끓으면 물솥 위에 시루를 올린다.
5 뚜껑 위로 수증기가 올라오는 것을 확인 한 후 20분간 찐다.

05 흑설탕 뿌리기

1 불을 끈다.
2 다 쪄진 떡은 그릇에 뒤집어준다.
3 서리태 위에 흑설탕 2T를 고루 뿌려 준다.

Key Point

• 서리태는 팬에 볶아도 되고 냄비에 삶아줘도 됩니다.
• 서리태의 고소한 맛을 살려주고 콩에 윤기를 더해주며 색을 예쁘게 내기 위해서는 냄비 에 삶는 것보다 팬에 볶아주는 것이 좋아요.
• 냄비에 삶을 때에는 불린 서리태에 소금 약간, 흑설탕 50g, 물은 서리태가 잠길 만큼만 넣고 4~5분간 삶아주세요.

깨찰편

깨고물을 찹쌀가루에 켜켜이 올려 안친 떡이다.
깨고물은 잘 상하지 않아 여름철에 만들어 먹기 좋다.

◆ 필요한 도구

물솥, 대나무찜기, 스텐볼, 스크레이퍼, 계량스푼, 전자저울, 절구, 면장갑, 위생장갑

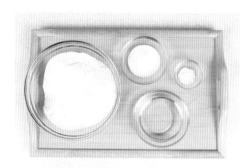 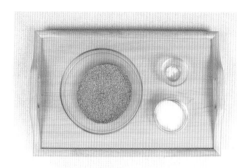

◆ 재료 및 분량(쌀가루)

재료명	비율(%)	무게(g)
찹쌀가루	100	600
설탕	10	60
소금	1	6
물	-	30

◆ 재료 및 분량(깨고물)

재료명	무게(g)
참깨	250
소금	약간
설탕	60

◆ 합격포인트

- 적정량의 소금 넣기
- 찹쌀에 적당량의 수분 잡기
- 깨고물 내기

◆ 요구사항 : 제시되지 않음

MEMO

01 깨고물 내기

1 참깨는 팬에 볶는다.

2 볶은 참깨는 절구에 넣고 갈아준다.

3 볶은 참깨는 통깨도 보일 수 있게 반절
   정도만 갈아준다.

02 소금 넣기 → 수분 잡기 → 설탕 넣기

1 찹쌀가루에 소금을 넣고 고루 섞는다.

2 찹쌀가루에 수분 잡기를 한 후 손으로
   비벼 수분을 고루 섞어준다.

3 찹쌀가루에 설탕을 넣고 가볍게 섞는다.

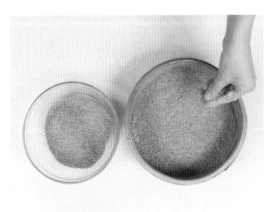

03 안치기

1 참깨 고물은 3등분으로 나눈다.

2 1/3을 시루 밑에 고루 뿌려 안친다.

3 참깨–쌀가루–참깨–쌀가루–참깨 순서
   로 안친다.

04 다듬기

1 시루에 안친 쌀가루의 단면은 스크레이퍼로 깔끔하게 다듬는다.

05 찌기

1 맨 위에 깨고물을 뿌려 마무리한다.
2 물이 끓으면 물솥 위에 시루를 올린다.
3 뚜껑 위로 김이 오르는지 확인한 후 20분간 찐다.
4 다 쪄지면 불을 끄고 그릇에 낸다.

Key Point

• 수분 잡기를 한 찹쌀가루는 손바닥으로 잘 비벼 수분을 골고루 섞어주세요.
• 스크레이퍼로 단면을 다듬을 때에는 스크레이퍼 중심을 축으로 잡고 (컴퍼스를 쓰듯이) 360도 돌려주면 편하게 사용할 수 있어요.
• 켜켜이 안치는 찰떡은 고물의 종류만 바뀔 뿐 만드는 방법은 거의 같아요.

두텁떡

쌀가루와 고물을 간장으로 간을 한 궁중의 대표적인 떡으로 임금님 생신 때 빠지지 않고 올랐다.

봉긋한 봉우리 모양을 닮았다고 해서 '봉우리떡'이라고도 불린다.

보통의 시루떡처럼 평평하게 안치지 않고 작은 봉우리 크기로 안친 후 하나씩 떠낼 수 있도록 하였다.

◆ **필요한 도구**

물솥, 대나무찜기, 스텐볼, 어레미체, 중간체, 스크레이퍼, 계량스푼, 전자저울, 칼, 도마, 궁중팬, 나무주걱, 면장갑, 위생장갑

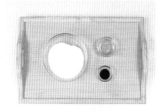  

◆ **재료 및 분량**

재료명	비율(%)	무게(g)
찹쌀가루	100	200
꿀	-	2T
진간장	-	1t

◆ **재료 및 분량(겉고물)**

재료명	무게(g)
거피팥	300
진간장	1.5T
황설탕	50
계피가루	1/2t

◆ **재료 및 분량(속고물)**

재료명	무게(g)
거피팥	100
진간장	1/2T
유자청	2T
꿀	2T
계피가루	1/2t
밤	2개
대추	2개
잣	1T
호두	1개
유자건지	1T

◆ **합격포인트**

- 찹쌀가루에 간장으로 간하기
- 거피팥 껍질 완전히 제거하기
- 적당히 쪄서 포슬포슬하게 고물 내기

◆ **요구사항 : 제시되지 않음**

MEMO

01 첨가하기 → 체 내리기

1 찹쌀가루에 진간장과 꿀을 넣고 고루 섞는다.
2 찹쌀가루를 중간체에 한 번 내린다.

02 겉고물 내기

1 거피팥은 4~6시간 불린다.
2 불린 거피팥은 김 오른 찜기에 20~30분간 무르게 찐다.
3 거피팥에 진간장, 황설탕, 계피가루를 넣고 고루 섞는다.
4 거피팥을 어레미체에 내린다.
5 체에 내린 거피팥을 궁중팬에 넣고 누른 듯이 볶아준다.

03 속고물 만들기

1 찐 거피팥에 진간장을 넣고 어레미체에 내린다.
2 밤은 껍질을 깐 후 6등분 한다.
3 대추는 끓는 물에 데친 후 돌려깎아 씨를 제거하고 6등분 한다.
4 호두는 끓는 물에 데친 후 0.5mm 정도 크기로 다진다.
5 유자건지는 1cm 정도 크기로 자른다.
6 잣은 고깔을 떼어준다.
7 어레미체에 내린 거피팥에 유자청, 꿀, 계피가루, 손질한 고물을 한데 섞어 둥글게 빚는다.

04 안치기

1 겉고물을 시루 밑에 고루 뿌린다.
2 찹쌀가루를 숟가락으로 떠서 고물 위에 안친다.
3 찹쌀가루 위에 동그랗게 빚은 속고물을 하나씩 얹는다.

05 찌기

1 속고물 위에 찹쌀가루를 다시 얹어준다.
2 찹쌀가루 위에 겉고물을 뿌려 마무리한다.
3 같은 방법으로 여러 개 안친다.
4 물이 끓으면 시루를 물솥 위에 올리고 15분간 찐다.
5 다 쪄지면 불을 끄고 주걱으로 한 덩어리씩 떠낸다.

Key Point

• 겉고물을 팬에 볶아줄 때에는 누른 듯이 볶아줘야 맛이 깊어져요.
• 떡 중에 손이 제일 많이 가고 난이도가 높은 떡이에요.

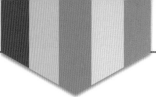

물호박떡

멥쌀가루에 늙은 호박과 팥고물을 켜켜이 올려 안친 떡이다.

◆ 필요한 도구

물솥, 대나무찜기, 스텐볼, 중간체, 스크레이퍼, 계량스푼, 전자저울, 궁중팬, 나무주걱, 칼, 도마, 면장갑, 위생장갑

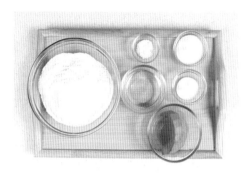

◆ 재료 및 분량

재료명	비율(%)	무게(g)
멥쌀가루	100	600
설탕	10	60
소금	1	6
물	-	적정량
늙은 호박	-	1/4개
설탕	-	2T

◆ 재료 및 분량(팥고물)

재료명	무게(g)
적팥	450 (2컵 반)
소금	2/3t
설탕	50

◆ 합격포인트

- 적정량의 소금 넣기
- 적절한 수분 잡기
- 팥은 살짝 퍼지게 삶기
- 팥고물 분내기
- 늙은 호박은 두께 1cm 정도로 슬라이스하고 설탕에 버무리기

◆ 요구사항 : 제시되지 않음

MEMO

01 팥고물 내기

1 팥은 살짝 퍼지게 삶는다.
2 삶은 팥에 소금, 설탕을 넣고 팬에 볶는다.
3 하얗게 분이 날 때까지 볶는다.

02 호박 손질하기 → 설탕 넣기

1 늙은 호박은 겉껍질을 벗긴 후 1cm 정도로 슬라이스한다.
2 설탕을 넣고 버무린다.

03 소금 넣기 → 체 내리기 → 수분 잡기 → 체 내리기 → 설탕 넣기

1 멥쌀가루에 소금을 넣는다.
2 멥쌀가루를 중간체에 한 번 내린다.
3 멥쌀가루에 수분을 잡는다.
4 수분 잡은 멥쌀가루를 중간체에 내린다.
5 멥쌀가루에 설탕을 넣은 후 가볍게 섞는다.

04 안치기

1 팥고물은 2등분 해놓는다.
2 팥고물을 시루에 먼저 깔아준 후에 쌀가루와 설탕에 버무린 호박을 켜켜이 안친다.

05 다듬기 → 찌기 → 뜸들이기

1 쌀가루는 스크레이퍼로 단면을 깨끗하게 다듬는다.
2 쌀가루 위에 남은 팥고물 1/2을 고르게 안친다.
3 물이 끓으면 시루를 물솥 위에 올린다.
4 시루에 안친 쌀가루는 20분간 찐다.
5 불을 끄고 뚜껑 덮은 채로 5분간 뜸을 들인다.

Key Point

• 늙은 호박을 섞어 찌기 때문에 멥쌀의 수분은 딱 적당량 잡아주세요.
• 늙은 호박과 설탕을 미리 섞어두면 물이 생기기 때문에 안치기 전에 섞어주세요.

시험시간 1시간

난이도 ★★★☆☆

구름떡

찹쌀에 고물을 섞어 주먹 쥐어 찐 후, 흑임자고물을 묻혀 구름떡틀에 켜켜이 넣어 굳힌 떡이다.
자른 모양이 구름을 닮았다고 하여 구름떡이라고 불린다.

◆ 필요한 도구

물솥, 대나무찜기, 스텐볼, 스크레이퍼, 계량스푼, 전자저울, 구름떡틀, 칼, 도마, 면장갑, 위생장갑

◆ 재료 및 분량

재료명	비율(%)	무게(g)
찹쌀가루	100	800
설탕	10	80
소금	1	8
물	-	40
밤	-	6개
흑임자고물	-	50

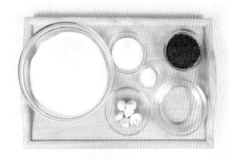

◆ 합격포인트

- 적정량의 소금 넣기
- 적절한 수분 잡기
- 시럽을 발라가며 흑임자고물 고루 묻히기
- 구름떡틀에 켜켜이 넣어 모양 잡기

◆ 요구사항 : 제시되지 않음

MEMO

01 소금 넣기 → 수분 잡기 → 설탕 넣기

1 찹쌀가루에 소금을 넣고 고루 섞는다.
2 찹쌀가루에 수분 잡기를 한 후 손으로 비벼 수분을 고루 섞어준다.
3 찹쌀가루에 설탕을 넣고 가볍게 섞는다.

02 밤 손질하기 → 첨가하기

1 밤은 껍질을 벗긴 후 6등분 한다.
2 설탕 섞은 찹쌀가루에 밤을 넣고 섞는다.

03 설탕 뿌리기 → 안치기 → 찌기

1 찰떡이 들러붙지 않게 설탕을 시룻밑에 뿌린다.
2 밤을 섞은 찹쌀가루는 가볍게 주먹 쥐어 시루에 안친다.
3 물이 끓으면 시루를 물솥 위에 올린다.
4 쌀가루를 안친 시루는 20분간 찐다.

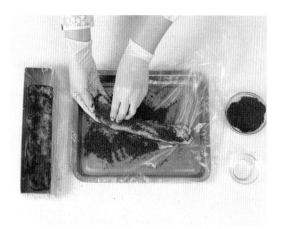

04 흑임자고물 묻히기 → 모양 잡기

1 떡이 다 쪄지면 적당량 떼어 내어 흑임자고물을 묻힌다.

2 흑임자고물을 묻힌 찰떡은 구름떡틀에 켜켜이 안친다.

3 떡끼리 떨어지지 않게 시럽을 묻혀가며 안친다.

05 썰기

1 모양을 굳힌 후 구름떡틀에서 꺼내 일정한 두께로 썬다.

Key Point

• 시럽은 물과 설탕을 1:1로 넣어 끓인 후 사용합니다.

• 구름떡틀에 떡 비닐을 미리 깔아놓고 떡을 켜켜이 올려주세요.

• 위생장갑을 끼고 찰떡을 다룰 때에는 장갑에 식용유를 살짝 발라주어야 떡이 들러붙지 않아요.

• 시룻밑에 설탕을 뿌릴 때에는 설탕 약간(1T) 정도만 뿌려주면 돼요.

빚어 찌는 떡류 만들기

송편

모싯잎 송편

쑥 송편

쑥개떡

꿀떡

PART 3

시험시간 1시간

난이도 ★★★☆☆

송 편

멥쌀을 반죽해서 소를 넣고 오므려 반달모양으로 만들어 먹었던 떡으로 추석의 대표적인 음식이다.

소는 깨, 콩, 팥, 녹두, 밤 등이 사용되었다. 솔잎을 깔고 찌기 때문에 송병(松餠)이라고도 불렀다.

◆ 필요한 도구

물솥, 대나무찜기, 시룻밑, 스텐볼, 중간체, 계량스푼, 전자저울, 냄비, 기름솔, 손잡이체, 타이머, 면장갑, 위생장갑

◆ 재료 및 분량

재료명	비율(%)	무게(g)
멥쌀가루	100	200
소금	1	2
물	-	적정량
불린 서리태	-	70
참기름	-	적정량

◆ 합격포인트

- 적정량의 소금 넣기
- 불린 서리태는 포근할 정도로 삶기
- 적당한 되기로 익반죽하기
- 송편은 길이 5cm, 높이 3cm의 반달모양으로 12개 이상 만들기
- 쪄낸 후 참기름 바르기

◆ 요구사항

※ 다음 요구사항대로 송편을 만들어 제출하시오.
 ① 떡 제조 시 물의 양은 적정량으로 혼합하여 제조하시오.
  (단, 쌀가루는 물에 불려 소금 간을 하지 않고 2회 빻은 쌀가루이다)
 ② 불린 서리태는 삶아서 송편소로 사용하시오.
 ③ 떡반죽과 송편소는 4:1 ~ 3:1 정도의 비율로 제조하시오.
  (송편소가 1/4 ~ 1/3 정도 포함되어야 함)
 ④ 쌀가루는 익반죽하시오.
 ⑤ 송편은 완성된 상태가 길이 5cm, 높이 3cm 정도의 반달모양(◠)으로 오므려 집어 송편
  모양을 만들어 12개 이상을 만드시오.
 ⑥ 송편을 찜기에 쪄서 참기름을 발라 제출하시오.

01 콩 삶기

1 불린 콩을 냄비에 넣고 콩이 잠길 만큼 물을 부어준다.
2 소금을 약간 넣고 삶는다.
3 물이 끓으면 5분 이상 삶는다.

02 계량하기 → 소금 넣기 → 체 내리기 → 익반죽하기

1 계량저울에 스텐볼을 올리고 눈금을 0으로 맞춘 후 쌀가루와 소금을 정확하게 계량한다.
2 멥쌀가루에 소금을 넣고 섞는다.
3 멥쌀가루를 중간체에 내린다.
4 멥쌀가루를 약간 말랑할 정도로 익반죽한다.

03 등분하기 → 빚기

1 반죽의 총 무게를 잰 후 반죽을 12개로 나눈다.
2 콩의 총 무게를 잰 후 콩도 나누어놓는다.
3 가로 5cm, 세로 3cm의 반달모양으로 빚는다.

あ

04 안치기 → 찌기

1 송편을 만들어 시루 안에 놓는다.
2 12개를 다 만들었는지 확인한다.
3 물이 끓으면 물솥 위에 시루를 올리고 15분간 찐다.

05 헹구기 → 참기름 바르기

1 떡이 다 쪄지면 불을 끄고 찬물로 헹군다.
2 송편에 참기름을 바른다.
3 완성된 송편을 접시에 낸다.

Key Point

• 서리태는 포근할 정도로 삶아주세요.
• 익반죽을 할 때 반죽이 되면 송편을 빚을 때 갈라지기 쉽고 반죽이 질면 송편의 모양이 처질 수 있으니 약간 말랑말랑한 정도로 반죽해주세요.
• 송편을 12개를 만들어야 하기 때문에 만들기 전에 반죽을 12등분 해놓으세요.
• 콩도 총 무게를 잰 후 송편 한 개당 들어갈 콩의 양을 가늠해 놓으세요.
• 찬물로 헹군 후 바로 기름을 발라주면 떡에 기름이 스며들 수 있어요. 한 김 살짝 날려 송편이 수축되면 기름을 발라주세요.

모싯잎 송편

멥쌀에 모싯잎을 넣고 반죽하여 소를 넣고 반달모양으로 만든 떡이다.

모싯잎 송편은 영광 지역에서 지리적 특성과 품질 우수성을 인정받아 농산물 지리적 표시 제104호로 등록되어

최근 영광 지역 향토 음식 특산품으로 계승 · 발전되었다.

◆ 필요한 도구

물솥, 대나무찜기, 시룻밑, 중간체, 스텐볼, 계량스푼, 전자저울, 분쇄기, 절구, 기름솔, 면장갑, 위생장갑

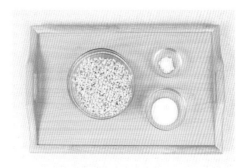

◆ 재료 및 분량

재료명	비율(%)	무게(g)
멥쌀가루	100	200
소금	1	2
물	-	적정량
냉동 모싯잎	30	60
참기름	-	적정량

◆ 재료 및 분량(거피팥 소)

재료명	무게(g)
거피팥	40
소금	약간
설탕	1T

◆ 합격포인트

- 적정량의 소금 넣기
- 거피팥 부드럽게 찌기
- 적당량의 모싯잎 넣어 분쇄하기
- 적당한 되기로 익반죽하기
- 쪄낸 후 참기름 바르기

◆ 요구사항 : 제시되지 않음

MEMO

01 속고물 만들기

1 거피팥은 4~6시간 불린다.
2 거피팥은 20~30분 무르게 찐다.
3 다 쪄진 거피팥에 소금, 설탕 간을 한다.
4 절구에 넣고 찧는다.

02 소금 넣기 → 체 내리기 → 분쇄하기

1 쌀가루에 소금을 넣고 섞는다.
2 쌀가루를 중간체에 내린다.
3 체에 내린 쌀가루에 분량의 모싯잎을 넣고 분쇄한다.

03 익반죽하기

1 분쇄한 쌀가루에 수분을 첨가하여 약간 말랑할 정도로 익반죽한다.

04 빚기 → 찌기

1 거피팥 소를 넣고 송편을 빚는다.
2 빚은 송편은 시루에 안친다.
3 물이 끓으면 물솥 위에 시루를 올린 후
　15분간 찐다.

05 헹구기 → 참기름 바르기

1 다 쪄진 송편은 찬물로 헹군다.
2 송편에 기름을 바른다.

Key Point

• 손으로 눌러봤을 때 부드럽게 으깨질 때까지 불린 거피팥을 찜기에 쪄주세요.
• 냉동 모싯잎은 해동한 후 사용하세요.
• 찬물로 헹군 후 바로 기름을 발라주면 떡에 기름이 스며들 수 있어요. 한 김 살짝 날려
　송편이 수축되면 기름을 발라주세요.

쑥 송편

멥쌀에 쑥을 넣고 반죽하여 소를 넣고 반달모양으로 만든 떡이다.

◆ 필요한 도구

물솥, 대나무찜기, 시룻밑, 중간체, 스텐볼, 계량스푼, 전자저울, 분쇄기, 절구, 기름솔, 면장갑, 위생장갑

 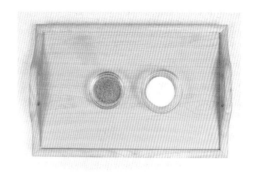

◆ 재료 및 분량

재료명	비율(%)	무게(g)
멥쌀가루	100	200
소금	1	2
물	-	적정량
냉동쑥	30	60
참기름	-	적정량

◆ 재료 및 분량(깨소)

재료명	무게(g)
참깨가루	20
설탕	40

◆ 합격포인트

- 적정량의 소금 넣기
- 적당량의 쑥 넣어 분쇄하기
- 적정량으로 수분을 잡아 반죽하기
- 쪄낸 후 참기름 바르기

◆ 요구사항 : 제시되지 않음

MEMO

01 속고물 만들기

1 참깨가루에 설탕을 넣은 후 고루 섞는다.

02 소금 넣기 → 체 내리기 → 분쇄하기

1 멥쌀가루에 소금을 넣은 후 섞는다.
2 멥쌀가루를 중간체에 내린다.
3 멥쌀가루에 쑥을 넣고 분쇄기에 곱게 간다.

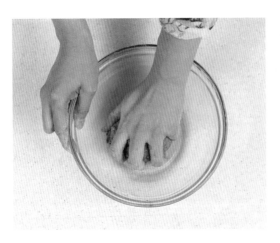

03 익반죽하기

1 분쇄기에 곱게 간 멥쌀가루에 끓는 물을 추가하여 약간 말랑할 정도로 익반죽한다.

04 빚기 → 찌기

1 반죽을 떼어내어 깨소를 넣은 후 오므려
  송편을 빚는다.
2 빚은 송편은 시루에 안친다.
3 물이 끓으면 물솥 위에 시루를 올린다.
4 송편을 안친 시루는 15분간 찐다.

05 헹구기 → 참기름 바르기

1 불을 끄고 다 쪄진 송편은 찬물로 헹
  군다.
2 헹군 송편에 참기름을 바른다.

Key Point

• 모싯잎 송편과 쑥 송편 반죽은 재료 배합 비율과 만드는 방법이 같아요.
• 주로 모싯잎 송편은 거피팥 소로, 쑥 송편은 깨소로 많이 만들어요.

시험시간 1시간

난이도 ★★☆☆☆

쑥개떡

멥쌀에 쑥을 넣고 반죽하여 둥글넓적하게 빚어 만든 떡이다.

◆ 필요한 도구

물솥, 대나무찜기, 시룻밑, 중간체, 스텐볼, 계량스푼, 전자저울, 분쇄기, 기름솔, 면장갑, 위생장갑

◆ 재료 및 분량

재료명	비율(%)	무게(g)
멥쌀가루	100	200
소금	1	2
물	-	적정량
냉동쑥	30	60
참기름	-	적정량

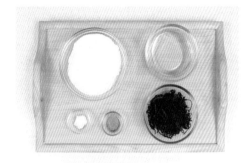

◆ 합격포인트

- 적정량의 소금 넣기
- 적당량의 쑥 넣어 분쇄하기
- 적정량으로 수분을 잡아 반죽하기
- 쪄낸 후 참기름 바르기

◆ 요구사항 : 제시되지 않음

MEMO

01 소금 넣기 → 체 내리기

1 멥쌀가루에 소금을 넣고 섞는다.
2 멥쌀가루를 중간체에 내린다.

02 분쇄하기

1 냉동쑥은 미리 해동해 놓는다.
2 멥쌀가루에 쑥을 넣고 분쇄기로 곱게
  간다.

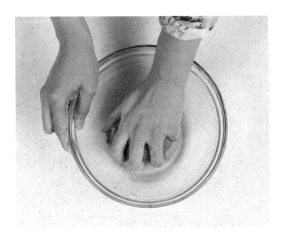

03 익반죽하기

1 곱게 간 멥쌀가루에 부족한 수분을 첨가
  한다.
2 약간 말랑할 정도로 반죽한다.
3 반죽을 잘 치대어준다.

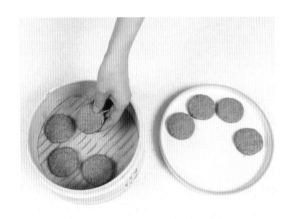

04 빚기 → 찌기

1 반죽을 적정량 떼어내고 동그랗게 빚는다.
2 빚은 떡은 시루에 안친다.
3 물이 끓으면 물솥 위에 시루를 올리고 15분간 찐다.

05 참기름 바르기

1 불을 끄고 찬물로 가볍게 헹군다.
2 쏙개떡에 참기름을 바른다.

Key Point

- 쏙개떡은 쏙 송편과 반죽하는 과정은 같고 만드는 모양만 달라요.
- 반죽이 너무 질면 모양이 흐물흐물해지므로 적당량의 수분을 잡아주세요.
- 참기름을 바를 때에는 기름솔을 이용해도 돼요.

꿀 떡

멥쌀을 수분 잡기하여 찐 후 잘 치대어 소를 넣고 오므려 작은 원형이나 복주머니 모양으로 만든 떡이다.

◆ **필요한 도구**

물솥, 대나무찜기, 시룻밑, 스텐볼, 계량스푼, 전자저울, 기름솔, 면장갑, 위생장갑

◆ **재료 및 분량**

재료명	비율(%)	무게(g)
멥쌀가루	100	200
소금	1	2
물	-	60
참깨가루	-	10
설탕	-	50
콩고물	-	10
식용유	-	적정량

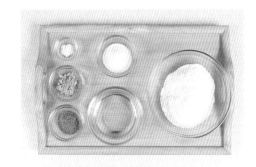

◆ **합격포인트**

- 적정량의 소금 넣기
- 적정량의 수분 잡기
- 잘 치대어주기
- 깨소 넣고 오므려주기
- 기름 바르기

◆ **요구사항 : 제시되지 않음**

MEMO

01 소금 넣기 → 체 내리기 → 수분 잡기

1 멥쌀가루에 소금을 넣고 섞는다.
2 소금 넣은 멥쌀가루를 중간체에 내린다.
3 멥쌀가루에 적정량의 수분을 넣고 고루 섞는다.

02 안치기 → 찌기

1 고루 섞은 멥쌀가루를 시루에 안친다.
2 멥쌀가루를 살짝 주먹 쥐어 안친다.
3 물이 끓으면 물솥에 시루를 올린다.
4 6~8분간 찐다.

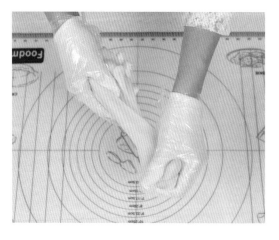

03 치대기

1 다 쪄지면 불을 끄고 반죽을 꺼낸다.
2 반죽을 한 덩어리로 뭉친 후 끈기가 일게 잘 치대어준다.

04 속고물 만들기 → 빚기

1 참깨가루에 설탕과 콩고물을 넣고 섞는다.
2 잘 치댄 반죽을 적정량 떼어내어 소를 넣어 오므려준다.
3 오므린 반죽을 동그랗게 빚는다.

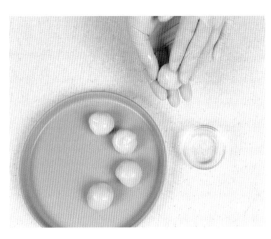

05 참기름 바르기

1 떡이 마르지 않게 기름을 바른다.
2 완성된 꿀떡을 그릇에 낸다.

Key Point

• 꿀떡을 한 입 베어 물면 설탕이 물처럼 흐르는데, 만들 때 넣었던 설탕이 물처럼 녹으려면 2시간은 지나야 해요.
• 꿀떡 안에 들어있는 설탕은 녹으면서 떡의 열과 수분을 빼앗기 때문에 떡 반죽에 수분을 적게 넣으면 떡이 금방 딱딱해져요.

약밥 만들기

약 밥

PART 4

약 밥

찹쌀에 밤, 대추, 잣, 호박씨 등을 섞어 찐 다음 대추고와 흑설탕, 간장으로 버무려 만든 음식으로
약식·약반이라고도 한다. 정월대보름에 만들어 먹는 절식의 하나이다.

◆ 필요한 도구

물솥, 대나무찜기, 시룻밑, 스텐볼, 계량스푼, 전자저울, 칼, 도마, 나무주걱, 면장갑, 위생장갑

◆ 재료 및 분량

재료명	비율(%)	무게(g)
찹쌀	100	400
소금	-	2
흑설탕	-	60
간장	-	25
대추고	-	30
호두	-	5개
밤	-	3개
대추	-	3개
호박씨	-	3개
잣	-	1T
참기름	-	1T

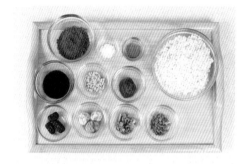

◆ 합격포인트

- 적정량의 소금 넣기
- 부재료 손질하기

◆ 요구사항 : 제시되지 않음

MEMO

01 안치기 → 찌기

1 찹쌀을 깨끗이 씻어 4~6시간 물에 불린다.
2 불린 찹쌀은 체에 밭쳐 물기를 뺀다.
3 찹쌀을 시루에 안친다.
4 물이 끓으면 물솥에 시루를 올린다.
5 30분간 찐다.

02 재료 손질하기

1 밤은 껍질을 벗긴 후 4~6등분 한다.
2 호두는 1/4등분 한다.
3 대추는 끓는 물에 데친 후 돌려깎아 씨를 제거하고 6등분 한다.
4 잣은 고깔을 떼어준다.
5 호박씨는 마른 행주로 먼지를 제거한다.

03 섞기 → 버무리기

1 흑설탕, 간장, 대추고, 소금을 볼에 넣어 잘 섞어준다.
2 30분 찐 찹쌀을 넣고 나무주걱으로 고루 버무려준다.

04 안치기 → 찌기

1 손질해놓은 고물을 모두 넣고 섞는다.
2 고루 섞은 찹쌀은 시루에 안친다.
3 물이 끓으면 시루를 물솥 위에 올린다.
4 30분간 찐다.

05 참기름 섞기 → 모양 잡기

1 다 쪄진 약밥은 볼에 쏟아 부어준다.
2 참기름을 넣고 고루 섞는다.
3 그릇에 담아내거나 틀에 넣고 모양을 잡
   아준다.

Key Point

· 대추고는 돌려깎은 대추를 씨와 함께 냄비에 넣고 푹 고와 중간체에 내려준 것을 말
  해요.
· 약밥은 넓은 쟁반에 꾹꾹 눌러 담아 모양을 잡고 먹기 좋은 크기로 썰어내도 돼요.

인절미 만들기

쑥 인절미

호박 인절미

인절미

PART 5

쑥 인절미

찹쌀에 쑥을 넣고 찐 다음 쫄깃하게 치대어 콩고물을 묻혀낸 떡이다.

◆ 필요한 도구

물솥, 대나무찜기, 시룻밑, 스텐볼, 스크레이퍼, 계량스푼, 전자저울, 분쇄기, 면장갑, 위생장갑

◆ 재료 및 분량

재료명	비율(%)	무게(g)
찹쌀가루	100	500
설탕	10	50
소금	1	5
물	-	30
냉동쑥	-	100
콩고물	-	30

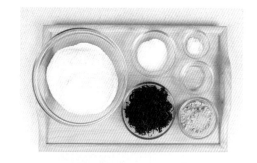

◆ 합격포인트

- 적정량의 소금 넣기
- 적절한 수분 잡기
- 적정량의 쑥 넣기
- 쫄깃하게 치대기
- 고르게 잘라 고물 묻혀내기

◆ 요구사항 : 제시되지 않음

MEMO

01 소금 넣기 → 분쇄하기

1 찹쌀가루에 소금을 넣고 고루 섞는다.
2 찹쌀가루에 쑥을 넣고 분쇄기에 곱게
   간다.

02 수분 잡기 → 설탕 넣기

1 곱게 간 찹쌀가루에 물을 넣고 고루 섞
   는다.
2 찹쌀가루에 설탕을 넣고 가볍게 섞는다.

03 설탕 뿌리기 → 안치기 → 찌기

1 찹쌀이 들러붙지 않게 시룻밑에 설탕을
   뿌린다.
2 찹쌀가루를 주먹 쥐어 시루에 안친다.
3 안친 찹쌀가루 가운데를 열어준다.
4 물이 끓으면 물솥에 시루를 올린 후 20
   분간 찐다.

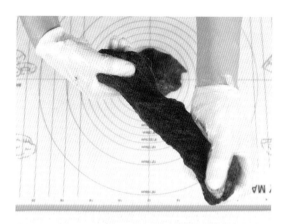

04 치대기

1 불을 끄고 찰떡을 꺼낸다.
2 찰떡이 들러붙지 않게 장갑에 기름칠을 한다.
3 찰떡을 끈기 있게 잘 치대어준다.

05 자르기 → 고물 묻히기

1 찰떡을 고르게 자른 후 콩고물에 묻힌다.
2 그릇에 담아낸다.

Key Point

• 치대는 찰떡은 주먹 쥐어 안치면 잘 익힐 수 있어요.
• 찹쌀은 수분을 주지 않아도 찹쌀 자체에 수분을 많이 갖고 있기 때문에 떡이 되요. 그런데 도 수분을 추가로 주는 이유는 좀 더 말랑한 식감을 주고 노화를 더디게 하기 위해서예요.
• 찰떡을 오래 치대면 노화를 늦출 수 있어요.
• 시룻밑에 설탕을 뿌려주면 떡이 잘 들러붙지 않아요.
• 안친 찹쌀가루 가운데를 열어주는 이유는 찰떡이 전체적으로 잘 쪄지게 하기 위해서예 요. 찹쌀은 수증기를 맞는 즉시 축 처지는 성질 때문에 어느 한 곳의 수증기 구멍이 막히 면 전체적으로 안 쪄질 수 있어요.

시험시간 1시간

난이도 ★★★☆☆

호박 인절미

찹쌀에 찐단호박을 넣고 찐 다음 쫄깃하게 치대어 콩고물을 묻혀낸 떡이다.

◆ 필요한 도구

물솥, 대나무찜기, 시룻밑, 스텐볼, 스크레이퍼, 계량스푼, 전자저울, 분쇄기, 면장갑, 위생장갑

◆ 재료 및 분량

재료명	비율(%)	무게(g)
찹쌀가루	100	500
설탕	10	50
소금	1	5
물	-	20
찐단호박	-	50
콩고물	-	30

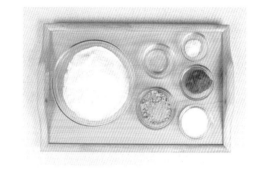

◆ 합격포인트

- 적정량의 소금 넣기
- 찐단호박 적정량 첨가하여 분쇄하기
- 적절한 수분 잡기
- 쫄깃하게 치대기
- 고르게 잘라 고물 묻혀내기

◆ 요구사항 : 제시되지 않음

MEMO

01 소금 넣기 → 분쇄하기

1 찹쌀가루에 소금을 넣고 섞는다.
2 찹쌀가루에 찐단호박을 넣고 분쇄기로 곱게 간다.

02 수분 잡기 → 설탕 넣기

1 곱게 간 찹쌀가루에 물을 넣고 고루 섞는다.
2 찹쌀가루에 설탕을 넣은 후 가볍게 섞는다.

03 설탕 뿌리기 → 안치기 → 찌기

1 시룻밑에 찰떡이 들러붙지 않게 설탕을 뿌린다.
2 찹쌀가루를 가볍게 주먹 쥐어 시루에 안친다.
3 안친 찹쌀가루의 가운데를 열어준다.
4 물이 끓으면 물솥 위에 시루를 올린 후 20분간 찐다.

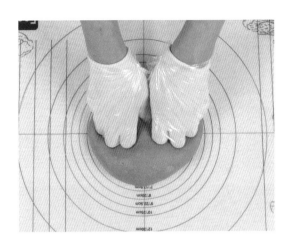

04 치대기

1 불을 끄고 찰떡을 꺼낸다.
2 찰떡을 끈기가 나게 잘 치대어준다.

05 자르기 → 콩고물 묻히기

1 찰떡을 고르게 자른 후 콩고물을 묻힌다.
2 그릇에 담아낸다.

Key Point

• 단호박 인절미는 단호박 가루로도 만들 수 있지만 찐단호박으로 만든 인절미가 훨씬 맛
  이 좋아요.
• 찐단호박에 물이 많다면 수분을 따로 추가하지 않아도 괜찮아요.

시험시간 1시간

난이도 ★★★☆☆

인절미

참쌀을 찐 다음 쫄깃하게 치대어 콩고물을 묻혀낸 떡이다.

◆ 필요한 도구

물솥, 대나무찜기, 시룻밑, 스텐볼, 중간체, 스크레이퍼, 계량스푼, 전자저울, 면장갑, 위생장갑, 절구공이(밀대)

◆ 재료 및 분량

재료명	비율(%)	무게(g)
찹쌀가루	100	500
설탕	10	50
소금	1	5
물	-	적정량
볶은 콩가루	12	60
식용유	-	5
소금물용 소금	-	5

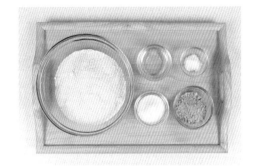

◆ 합격포인트

- 적절한 수분 잡기
- 쫄깃하게 치대기
- 고르게 잘라 고물 묻혀내기

◆ 요구사항

※ 다음 요구사항대로 인절미를 만들어 제출하시오.
① 떡 제조 시 물의 양을 적정량으로 혼합하여 제조하시오.
  (단, 쌀가루는 물에 불려 소금 간하지 않고 1회 빻은 찹쌀가루이다)
② 익힌 찹쌀반죽은 스테인리스볼과 절구공이(밀대)를 이용하여 소금물을 묻혀 치시오.
③ 친 인절미는 기름 바른 비닐에 넣어 두께 2cm 이상으로 성형하여 식히시오.
④ 4×2×2cm 크기로 인절미를 24개 이상 제조하여 콩가루를 고물로 묻혀 전량 제출하시오.

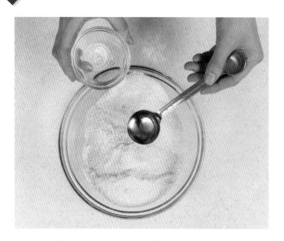

01 계량하기 → 소금넣기 → 체 내리기

1 전자저울에 스텐볼을 올리고 눈금을 0
  으로 맞춘 후 제시된 분량을 정확하게
  계량한다.

2 쌀가루에 소금을 넣은 후 고루 섞어준다.

3 중간체에 한 번 내린다.

02 수분 잡기 → 설탕 넣기

1 찹쌀가루에 물을 넣는다.

2 뭉치지 않게 고르게 비벼 준다.

3 설탕을 넣는다.

4 고루 섞는다.

03 설탕 뿌리기 → 안치기 → 찌기 → 뜸들이기

1 찰떡이 들러붙지 않게 시룻밑에 설탕을
  뿌린다.

2 찹쌀가루를 가볍게 주먹 쥐어 시루에 안
  친다.

3 찰떡이 잘 쪄질 수 있게 가운데를 열어
  준다.

4 물이 끓으면 물솥 위에 시루를 올린 후
  15분 찐다.

5 불을 끄고 뚜껑을 덮은 채로 5분간 뜸을
  들인다.

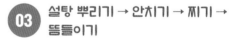

04 치대기 → 식히기 → 성형하기

1 소금은 물에 개어준다.

2 스텐볼에 소금물을 조금 부은 후 다 쪄진 찰떡을 넣는다.

3 절구공이에 기름을 살짝 바른 후 잘 치대어 준다.

4 소금물을 조금씩 넣어 주면서 쫄깃해질 때까지 여러 번 치대어 준다.

5 떡비닐에 기름을 살짝 바르고 찰떡을 올린 후 두께 2cm 이상으로 성형한다.

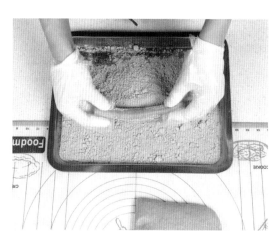

05 자르기 → 고물 묻히기 → 담아내기

1 4×2×2cm 크기로 자른다.

2 고물을 묻힌다.

3 그릇에 담아낸다.

Key Point

• 면보보다는 덜 달라붙는 실리콘 시룻밑이 더 좋아요. 딱 맞는 시룻밑보다 조금 큰 것을 준비해가면 찰떡을 들어낼 때 좋아요.

• 소금물을 한 번에 너무 많이 넣으면 짜질 수 있기 때문에 조금씩 넣으면서 치대주세요.

가래떡류 만들기

가래떡

떡국떡

떡볶이떡

PART 6

가래떡

멥쌀에 물을 넣고 쪄낸 후 잘 치대어 길게 뽑아낸 떡으로 길게 장수하라는 뜻을 갖고 있다.

◆ 필요한 도구

물솥, 대나무찜기, 스텐볼, 중간체, 스크레이퍼, 계량스푼, 전자저울, 면장갑, 위생장갑

◆ 재료 및 분량

재료명	비율(%)	무게(g)
멥쌀가루	100	500
소금	1	5
물	-	150

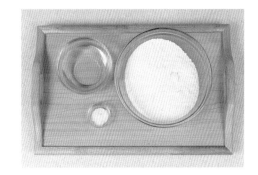

◆ 합격포인트

- 적정량의 소금 넣기
- 적절한 수분 잡기
- 잘 치대어 가래떡 모양 내기

◆ 요구사항 : 제시되지 않음

MEMO

01 소금 넣기 → 체 내리기

1 멥쌀가루에 소금을 넣고 섞는다.
2 멥쌀가루를 중간체에 내린다.

02 수분 잡기

1 멥쌀가루에 물을 넣고 고루 섞는다.
2 손바닥으로 비벼 수분이 잘 섞이게 한다.

03 안치기 → 찌기

1 수분 잡기를 한 멥쌀가루를 가볍게 주먹
쥐어 시루에 안친다.
2 물이 끓으면 물솥 위에 시루를 올리고
15~18분간 찐다.

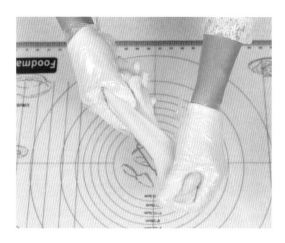

04 치대기

1 다 쪄진 떡은 한 덩어리로 뭉쳐준다.
2 떡이 끊어지지 않을 때까지 반죽을 길게 늘이며 치대준다.

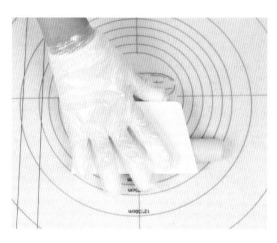

05 모양 내기

1 지름 3cm 정도 되게 가래떡 모양을 만들어준다.
2 손가락 자국이 남지 않게 스크레이퍼를 사용한다.

Key Point

• 치댄 반죽을 가래떡 모양으로 만들 때에는 손가락 자국이 날 수 있으니 스크레이퍼로 밀어주세요.

시험시간 1시간

난이도 ★★★☆☆

떡국떡

가래떡을 하루 굳혀 동그랗게 썰어낸 떡으로 설날에 떡국이나 떡만둣국으로 끓여 먹었다.
엽전모양으로 썰어 재물을 많이 벌라는 뜻이 있다.

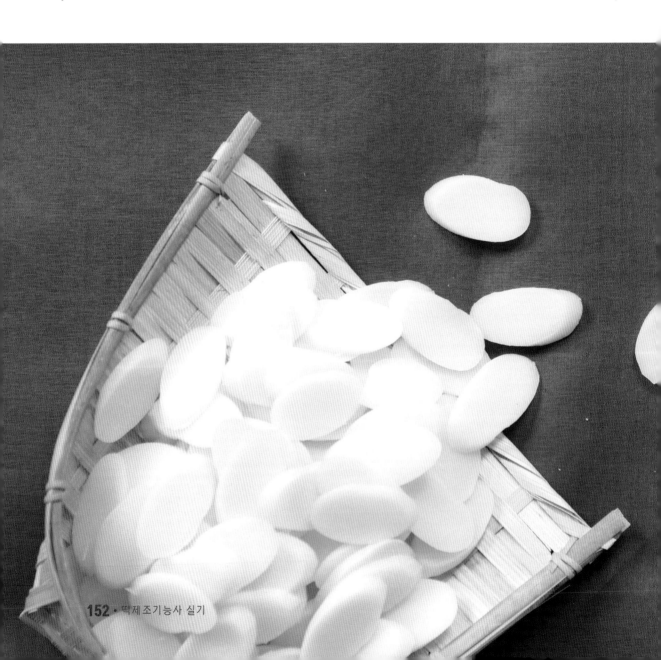

◆ 필요한 도구

물솥, 대나무찜기, 스텐볼, 중간체, 스크레이퍼, 계량스푼, 전자저울, 면장갑, 위생장갑, 칼, 도마

◆ 재료 및 분량

재료명	비율(%)	무게(g)
멥쌀가루	100	500
소금	1	5
물	-	125

◆ 합격포인트

- 적정량의 소금 넣기
- 적절한 수분 잡기
- 잘 치대어 가래떡 모양 내기
- 굳힌 후 썰어내기

◆ 요구사항 : 제시되지 않음

MEMO

01 소금 넣기 → 체 내리기 →
수분 잡기

1 멥쌀가루에 소금을 넣고 섞는다.
2 멥쌀가루를 중간체에 내린다.
3 멥쌀가루에 물을 넣고 고루 섞는다.

02 안치기 → 찌기

1 수분 잡기를 한 멥쌀가루를 가볍게 주먹
쥐어 시루에 안친다.
2 물이 끓으면 물솥 위에 시루를 올리고
15~18분간 찐다.

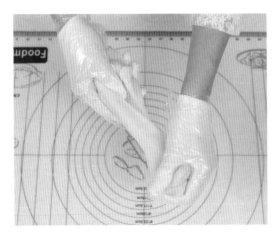

03 치대기

1 다 쪄진 떡은 한 덩어리로 뭉쳐준다.
2 떡이 끊어지지 않을 때까지 반죽을 길게
늘이며 치대준다.

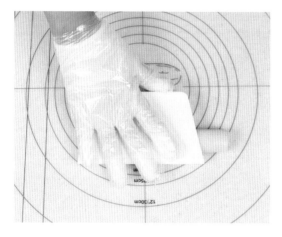

04 모양 내기

1 지름이 3cm 정도 되게 가래떡 모양을 만들어준다.
2 손가락 자국이 남지 않게 스크레이퍼를 사용한다.

05 굳히기 → 썰기

1 가래떡을 굳힌다.
2 굳힌 가래떡을 비스듬히 썬다.

Key Point

• 가래떡을 실온에서 굳히면 상할 수 있기 때문에 냉장고에서 굳혀야 해요.
• 떡국떡은 굳힌 후 썰어야 하기 때문에 가래떡보다 물을 조금 덜 넣어요.

떡볶이떡

멥쌀에 물을 넣고 쪄낸 후 잘 치대어 길게 만든 떡이다.

◆ 필요한 도구

물솥, 대나무찜기, 스텐볼, 중간체, 스크레이퍼, 계량스푼, 전자저울, 면장갑, 위생장갑

◆ 재료 및 분량

재료명	비율(%)	무게(g)
멥쌀가루	100	500
소금	1	5
물	-	150

◆ 합격포인트

- 적정량의 소금 넣기
- 적절한 수분 잡기
- 잘 치대어 떡볶이떡 모양 내기

◆ 요구사항 : 제시되지 않음

MEMO

01 소금 넣기 → 체 내리기

1 멥쌀가루에 소금을 넣고 섞는다.
2 멥쌀가루를 중간체에 내린다.

02 수분 잡기

1 멥쌀가루에 물을 넣고 고루 섞는다.
2 손바닥으로 비벼 수분이 잘 섞이게 한다.

03 안치기 → 찌기

1 수분 잡기를 한 멥쌀가루를 가볍게 주먹
  쥐어 시루에 안친다.
2 물이 끓으면 물솥 위에 시루를 올린 후
  15~18분간 찐다.

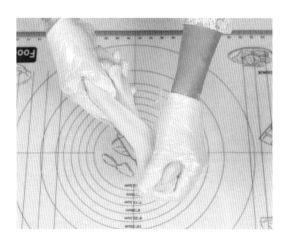

04 치대기

1 다 쪄진 떡은 한 덩어리로 뭉쳐준다.
2 떡이 끊어지지 않을 때까지 반죽을 길게
  늘이며 치대준다.

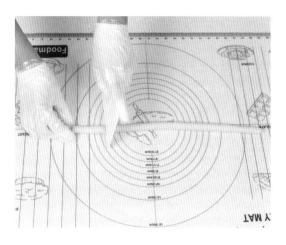

05 모양 내기

1 지름 1cm 정도가 되게 떡볶이떡 모양을
  만들어준다.
2 손가락 자국이 남지 않게 스크레이퍼를
  사용한다.
3 일정한 길이로 썬다.

Key Point

• 치댄 반죽을 떡볶이떡 모양으로 만들 때에는 손가락 자국이 날 수 있으니 스크레이퍼로
  밀어주세요.

지지는 떡류 만들기

부꾸미

PART 7

부꾸미

찹쌀가루를 익반죽하여 소를 넣고 반달 모양으로 납작하게 빚어 기름에 지진 떡이다.
수숫가루를 반죽하여 만들면 수수부꾸미가 된다.

◆ 필요한 도구

물솥, 대나무찜기, 시룻밑, 스텐볼, 중간체, 계량스푼, 스크레이퍼, 전자저울, 칼, 도마, 위생장갑, 밀대, 프라이팬, 뒤집개, 냄비

◆ 재료 및 분량

재료명	비율(%)	무게(g)
찹쌀가루	100	200
백설탕	15	30
소금	1	2
물	-	적정량
팥앙금	-	100
대추	-	3개
쑥갓	-	20
식용유	-	20ml

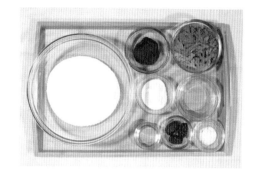

◆ 합격포인트

• 적정량의 소금 넣기
• 찹쌀가루 적당하게 반죽하기
• 기름에 고르게 지져내기
• 대추 쑥갓 장식하기

◆ 요구사항

※ 다음 요구사항대로 부꾸미를 만들어 제출하시오.
① 떡 제조 시 물의 양을 적정량으로 혼합하여 반죽을 하시오.
　(단, 쌀가루는 물에 불려 소금 간하지 않고 1회 빻은 찹쌀가루이다)
② 찹쌀가루는 익반죽하시오.
③ 떡반죽은 직경 6cm로 지져 팥앙금을 소로 넣어 반으로 접으시오(◠).
④ 대추와 쑥갓을 고명으로 사용하고 설탕을 뿌린 접시에 부꾸미를 담으시오.
⑤ 부꾸미는 12개 이상으로 제조하여 전량 제출하시오.

01 계량하기 → 소금 넣기 → 체 내리기

1 전자저울에 스텐볼을 올리고 눈금을 0 으로 맞춘 후 제시된 분량을 정확하게 계량한다.
2 쌀가루에 소금을 넣은 후 고루 섞어준다.
3 중간체에 한 번 내린다.

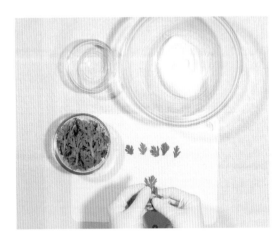

02 익반죽하기 → 고물 손질하기

1 냄비에 물을 끓인다.
2 찹쌀가루를 익반죽한다.
3 대추는 물에 헹구어 준 후 물기를 제거하고 돌려 깎아준다.
4 밀대로 밀어 두께를 고르게 한 후 돌돌 말아 일정한 두께로 썬다.
5 쑥갓은 적당한 크기로 떼어 놓는다.

03 등분하기 → 빚기

1 반죽한 찹쌀가루의 전체 무게를 잰 후 12등분 한다.
2 팥앙금은 12등분 한 후 둥글납작하게 만들어 놓는다.
3 등분한 찹쌀가루를 직경 6cm 크기로 빚어 놓는다.

04 지지기 → 장식하기

1 프라이팬에 기름을 두른 후 불은 약불에 맞춘다.
2 기름이 달궈지면 빚어 놓은 찹쌀반죽을 올린 후 한쪽 면을 익힌다.
3 한쪽 면이 익혀지면 뒤집어 준 후 팥앙금소를 넣고 반으로 접어준다.
4 접은 면을 뒤집개로 눌러 잘 붙여준다.
5 대추와 쑥갓으로 장식한 후 다른 한쪽 면을 마저 익힌다.

05 설탕 뿌리기 → 담아내기

1 그릇에 설탕을 뿌려 놓는다.
2 다 지져낸 부꾸미는 그릇에 담아낸다.

Key Point

- 찹쌀가루는 무르지 않게 반죽해주세요.
- 쑥갓을 손질할 때에는 쑥갓의 예쁜 부분을 위주로 손질해주세요.
- 찹쌀가루를 익반죽한 후 비닐에 넣어 마르지 않게 한 후 부재료를 손질해줍니다.
- 뒤집개는 들러붙지 않게 나무 뒤집개는 피하고 실리콘 뒤집개를 준비해주세요.
- 뒤집개로 반죽을 뒤집기 전에 뒤집개에 기름칠을 살짝 해주세요.
- 약불로 천천히 지져주세요.

찌는 찰떡류 만들기

영양찰떡

쇠머리떡

웰빙찰떡

PART 8

영양찰떡

찹쌀에 밤, 대추, 서리태, 호박, 콩, 호두 등 각종 고물을 넣고 찐 떡으로 영양가가 풍부하다.

◆ 필요한 도구

물솥, 대나무찜기, 스텐볼, 스크레이퍼, 계량스푼, 전자저울, 면장갑, 위생장갑

◆ 재료 및 분량

재료명	비율(%)	무게(g)
찹쌀가루	100	500
설탕	10	50
소금	1	5
물	-	25
밤	-	3개
대추	-	3개
서리태	-	20
호박고지	-	20
강낭콩	-	20
호두	-	20

◆ 합격포인트

- 적정량의 소금 넣기
- 적절한 수분 잡기
- 부재료 손질하기
- 모양 잡기

◆ 요구사항 : 제시되지 않음

MEMO

01 소금 넣기 → 수분 잡기 → 설탕 넣기

1 찹쌀가루에 소금을 넣고 섞는다.
2 찹쌀가루에 물을 넣고 고루 비벼준다.
3 찹쌀가루에 설탕을 넣고 가볍게 섞는다.

02 재료 손질하기

1 호박고지는 설탕을 넣은 미지근한 물에 5분 정도 불린 후 물기를 짜고 적당한 크기로 자른다.
2 밤은 껍질을 벗긴 후 슬라이스한다.
3 호두는 1/4등분한다.
4 대추는 돌려깎아 씨를 제거한 후 6등분한다.
5 강낭콩과 서리태는 12시간 이상 불리고 3분 정도 삶는다.

03 고물 안치기

1 손질한 고물은 시루에 고루 뿌려 안친다.
2 한 종류의 고물이 한데 뭉치지 않게 흩뿌려 고루 안친다.

04 안치기 → 찌기

1 설탕 섞은 찹쌀가루를 고물 위에 안친다.
2 찹쌀가루를 누르거나 흔들지 않고 살살 부어준다.
3 물이 끓으면 시루를 물솥 위에 올린다.
4 뚜껑 위로 김이 오르는지 확인한 후 20분간 찐다.

05 모양 잡기

1 다 쪄진 찰떡은 그릇에 한 번 뒤집는다.
2 적당한 크기로 썰거나 네모난 모양을 잡아 그릇에 낸다.

Key Point

• 호박고지는 맹물에 불리면 삼투압 현상으로 호박의 단 성분이 물로 다 빠져나가기 때문에 설탕물에 불려야 해요.

시험시간 1시간

난이도 ★★★★☆

쇠머리떡

찹쌀가루에 각종 고물을 섞은 후 흑설탕을 얹어 쪄낸 떡으로 흑설탕이 녹아 흐른 모습이

쇠머리편육의 모양을 닮았다고 해서 쇠머리떡이라 불린다.

◆ **필요한 도구**

물솥, 대나무찜기, 시룻밑, 스텐볼, 중간체, 스크레이퍼, 계량스푼, 전자저울, 타이머, 면장갑, 위생장갑, 떡비닐

◆ **재료 및 분량**

재료명	비율(%)	무게(g)
찹쌀가루	100	500
설탕	10	50
소금	1	5
물	-	적정량
불린 서리태	-	100
대추	-	5개
깐밤	-	5개
마른 호박고지	-	20
식용유	-	적정량

◆ **합격포인트**

- 적정량의 소금 넣기
- 부재료 손질하기
- 모양 잡기
- 적절한 수분 잡기
- 주먹 쥐어 안치기
- 불린 서리태는 포근한 식감으로 삶거나 찌기

◆ **요구사항**

※ 다음 요구사항대로 쇠머리떡을 만들어 제출하시오.
① 떡 제조 시 물의 양은 적정량을 혼합하여 제조하시오.
  (단, 쌀가루는 물에 불려 소금 간을 하지 않고 1회 빻은 찹쌀가루이다)
② 불린 서리태는 삶거나 쪄서 사용하고, 호박고지는 물에 불려서 사용하시오.
③ 밤, 대추, 호박고지는 적당한 크기로 잘라서 사용하시오.
④ 부재료를 쌀가루와 잘 섞어 혼합한 후 찜기에 안치시오.
⑤ 떡반죽을 넣은 찜기를 물솥에 얹어 찌시오.
⑥ 완성된 쇠머리떡은 15×15cm 정도의 사각형 모양으로 만들어 자르지 말고 제출하시오.
⑦ 찌는 찰떡류로 제조하며, 지나치게 물을 많이 넣어 치지 않도록 주의하여 제조하시오.

01 재료 손질하기

1 불린 서리태는 5분 이상 삶는다.
2 호박고지는 미지근한 설탕물에 5분 정도 불린 후 물기를 짜고 적당한 크기로 자른다.
3 대추는 끓는 물에 데친 후 돌려깎아 씨를 제거한 후 6등분 한다.
4 밤은 4~6등분 한다.

02 계량하기 → 소금 넣기 → 수분 잡기 → 설탕 넣기

1 저울에 스텐볼을 올리고 0점으로 맞추어 쌀가루와 소금을 정확히 계량한다.
2 찹쌀가루에 소금을 넣고 섞는다.
3 찹쌀가루에 수분을 잡은 후 손바닥으로 비벼 고루 섞는다.
4 찹쌀가루에 설탕을 넣고 가볍게 섞는다.

03 고물 섞기

1 손질한 고물을 모두 넣고 고루 섞는다.

04 설탕 뿌리기 → 안치기

1 찰떡이 들러붙지 않게 시룻밑에 설탕을 뿌린다.
2 찹쌀가루를 살짝 주먹 쥐어 시루에 안친다.

05 찌기 → 모양 잡기

1 물이 끓으면 물솥 위에 시루를 올린 후 20분간 찐다.
2 떡을 놓을 그릇에 떡비닐을 깔고 식용유를 살짝 바른다.
3 떡을 꺼내 모양을 15×15cm 정사각형 모양으로 잡아준다.

Key Point

- 서리태는 포근포근하게 삶아주세요.
- 밤은 4~6등분, 대추는 6등분 해주세요.
- 호박고지는 설탕물에 5분 정도만 불려주세요. 물기를 꼭 짜고 밤, 대추 정도의 크기로 잘라주세요.
- 찹쌀가루를 주먹 쥐어 안친 후 가운데를 열어 찰떡이 잘 쪄지게 해주세요(쑥인절미 참고).

웰빙찰떡

웰빙(Well-Being) 열풍이 불면서 일상이 바쁘고 스트레스에 지친 현대인들에게 활기를 줄 수 있는,
몸에 좋은 재료들을 넣어 만든 떡이다. 찹쌀에 각종 고물과 녹차가루 등을 넣어 만든다.

◆ 필요한 도구

물솥, 대나무찜기, 시룻밑, 스텐볼, 스크레이퍼, 계량스푼, 전자저울, 면장갑, 위생장갑, 떡비닐

◆ 재료 및 분량

재료명	비율(%)	무게(g)
찹쌀가루	100	500
설탕	10	50
소금	1	5
물	-	25
녹차가루	2	10
밤	-	3개
대추	-	3개
불린 서리태	-	20
호박고지	-	20
불린 강낭콩	-	20
호두	-	20
슬라이스 아몬드	-	20
완두배기	-	20

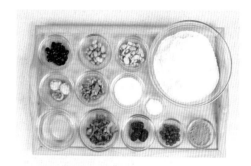

◆ 합격포인트

- 적정량의 소금 넣기
- 적절한 수분 잡기
- 부재료 손질하기
- 주먹 쥐어 안치기
- 모양 잡기

◆ 요구사항 : 제시되지 않음

MEMO

01 소금 넣기 → 첨가하기

1 찹쌀가루에 소금을 넣고 섞는다.
2 찹쌀가루에 녹차가루를 넣고 고루 섞는다.

02 수분 잡기 → 설탕 넣기

1 찹쌀가루에 물을 넣고 손바닥으로 비벼 고루 섞는다.
2 찹쌀가루에 설탕을 넣고 가볍게 섞는다.

03 재료 손질하기

1 밤은 껍질을 벗긴 후 4~6등분 한다.
2 대추는 끓는 물에 데친 후 돌려깎아 씨를 제거하고 6등분 한다.
3 불린 서리태, 불린 강낭콩은 3분 정도 삶는다.
4 호박고지는 미지근한 설탕물에 5분 정도 불린 후 물기를 짜고 적당한 크기로 자른다.
5 호두는 끓는 물에 데친 후 자른다.

04 섞기 → 설탕 뿌리기 → 안치기

1 찹쌀가루에 손질한 고물과 슬라이스 아몬드, 완두배기를 모두 넣고 섞는다.
2 찰떡이 들러붙지 않게 시루에 설탕을 뿌린다.
3 찹쌀가루를 주먹 쥐어 시루에 안친다.
4 찹쌀가루 가운데를 열어 잘 쪄지게 한다.

05 찌기 → 모양 내기

1 물이 끓으면 물솥 위에 시루를 올린 후 20분간 찐다.
2 떡을 낼 그릇에 떡비닐을 깔고 식용유를 살짝 바른다.
3 떡을 꺼낸 후 모양을 잡는다.

Key Point

• 슬라이스 아몬드는 볶은 슬라이스 아몬드이면 전처리 없이 그냥 사용하세요.
• 녹차가루 대신 모링가잎 분말, 새싹보리 분말, 아로니아 분말 등 다양한 가루를 넣어 만들 수 있어요.

삶는 떡 만들기

경단

PART 9

경 단

찹쌀가루를 익반죽하여 둥글게 빚은 후 끓는 물에 삶아 고물을 묻힌 떡이다.

◆ 필요한 도구

스텐볼, 계량스푼, 전자저울, 냄비, 손잡이체, 타이머, 면장갑, 위생장갑

◆ 재료 및 분량

재료명	비율(%)	무게(g)
찹쌀가루	100	200
소금	1	2
물	-	적정량
볶은 콩가루	-	50

◆ 합격포인트

- 적정량의 소금 넣기
- 익반죽하기
- 2.5~3cm로 빚기
- 적절히 삶아주기

◆ 요구사항

※ 다음 요구사항대로 경단을 만들어 제출하시오.
　① 떡 제조 시 물의 양을 적정량으로 혼합하여 반죽을 하시오.
　　(단, 쌀가루는 물에 불려 소금 간을 하지 않고 1회 빻은 쌀가루이다)
　② 찹쌀가루는 익반죽하시오.
　③ 반죽은 직경 2.5~3cm 정도의 일정한 크기로 20개 이상 만드시오.
　④ 경단은 삶은 후 고물로 콩가루를 묻히시오.
　⑤ 완성된 경단은 전량 제출하시오.

01 계량하기 → 소금 넣기

1 저울에 스텐볼을 올리고 눈금을 0으로
  맞춘 후 쌀가루와 소금을 정확히 계량
  한다.
2 찹쌀가루에 소금을 고루 섞는다.

02 익반죽하기

1 냄비에 물을 끓인다.
2 끓인 물을 넣고 찹쌀가루를 살짝 된듯하
  게 익반죽한다.

03 등분하기 → 빚기

1 반죽의 총 무게를 잰 후 20개로 나눈다.
2 나눈 반죽의 지름이 2.5~3cm 정도가
  되는지 체크한다.
3 나눈 반죽을 동그랗게 빚는다.

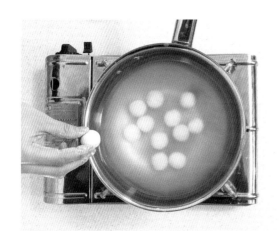

04 삶기 → 헹구기

1 냄비에 물을 여유 있게 넣고 끓인다.
2 반죽을 모두 넣지 말고 10개씩 삶는다.
3 반죽이 물 위로 뜨고 완전히 익으면 체로 건져낸다.
4 건져낸 반죽을 찬물로 헹군다.

05 콩고물 묻히기

1 찬물로 헹군 찰떡은 콩고물을 묻힌다.
2 완성된 경단을 그릇에 낸다.

Key Point

• 익반죽은 되다 싶을 정도로 반죽해야 모양이 쳐지지 않아요.
• 요구사항에 제시된 내용에 맞게 경단의 개수와 크기를 확인해주세요.
• 시험장에서 삶은 경단은 모두 반으로 잘라 익었는지 확인해요. 삶은 반죽이 물 위로 뜨면 바로 건지지 말고 좀 놔두었다가 건져야 완전히 익기 때문에 반드시 연습이 필요해요.
(반죽이 물 위로 뜬 후 조금 더 놔두는 시간이 익반죽 상태에 따라 조금씩 다르므로 연습할 때 시간 체크하기. 너무 오래 놔두면 경단이 쳐지기 때문에 주의할 것)

MEMO

떡제조기능사

실기 핵심노트

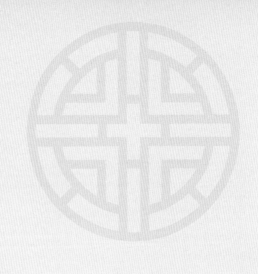

01 백설기

- 멥쌀 800g, 소금 8g, 설탕 80g
- 쌀가루에 소금 넣기 → 체 내리기 → 수분 잡기 → 체 내리기 → 설탕 섞기 → 안치기 → 칼금 내기 → 찌기 → 뜸들이기
- 수분 : 적당량
- 칼금 : 균등하게
- 20분 찌고 5분 뜸들이기

02 콩설기떡

- 멥쌀 700g, 소금 7g, 설탕 70g, 불린 서리태 160g
- 콩 삶기 → 쌀가루에 소금 넣기 → 체 내리기 → 수분 잡기 → 체 내리기 → 설탕 섞기 → 콩 1/2 시루에 깔기 → 콩 1/2 쌀가루에 섞어 안치기 → 찌기 → 뜸들이기
- 콩 : 물 끓으면 5분 이상 삶기
- 콩 반절은 깔고 반절은 섞기
- 수분 : 적당량
- 20분 찌고 5분 뜸들이기

03 쑥설기

- 멥쌀 800g, 소금 8g, 설탕 80g, 쑥가루 20g
- 쌀가루에 소금 넣기 → 체 내리기 → 쑥가루 넣기 → 수분 잡기 → 체 내리기 → 설탕 섞기 → 칼금 내기 → 찌기 → 뜸들이기
- 쑥가루 고루 섞고 수분 잡기
- 수분 : 촉촉하게
- 칼금 : 균등하게
- 20분 찌고 5분 뜸들이기

04 떡케이크

- 멥쌀 800g, 설탕 100g, 소금 8g, 아몬드가루 20g, 버터 1T, 커피가루 20g, 견과조림(견과 + 설탕 100g + 물 80g), 슈가파우더 1T
- 쌀가루에 소금 넣기 → 체 내리기 → 커피가루, 아몬드가루, 버터 넣기 → 수분 잡기 → 체 내리기 → 설탕 섞기 → 안치기 → 틀 제거하기 → 찌기 → 뜸들이기 → 견과류 조리기 → 장식하기 → 슈가파우더 뿌리기
- 수분 : 촉촉하게
- 20분 찌고 5분 뜸들이기

05

삼색 무지개떡

- 멥쌀 750g, 설탕 75g, 소금 8g, 쑥가루 3g, 잣, 대추, 치자
- 치자 불리기 → 고물 손질하기 → 쌀가루에 소금 넣기 → 체 내리기 → 쌀가루 8등분 하기 → 쌀가루 수분 잡기(흰색) → 치자쌀가루 수분 잡기(노란색) → 쑥쌀가루 수분 잡기(녹색) → 설탕 넣기 → 안치기(녹색-노란색-흰색 순서) → 칼금 내기 → 장식하기 → 찌기 → 뜸들이기 → 담아내기
- 수분 : 적당량
- 스크레이퍼로 고르게 다듬기
- 칼금 : 균등하게(밀대로 축 잡아 칼금 넣기)
- 25분 찌고 5분 뜸들이기

06

석이병

- 멥쌀 800g, 소금 8g, 설탕 80g, 석이가루 20g, 대추, 잣, 호박씨
- 쌀가루에 소금 넣기 → 체 내리기 → 석이가루 넣기 → 수분 잡기 → 체 내리기 → 설탕 섞기 → 안치기 → 칼금 내기 → 대추꽃 만들기 → 장식하기
- 수분 : 촉촉하게
- 칼금 : 균등하게
- 대추꽃, 잣 장식하기
- 20분 찌고 5분 뜸들이기

07

잡과병

- 멥쌀 600g, 소금 6g, 설탕 60g, 밤 2개, 곶감 1개, 대추 2개, 호두 5알, 잣 1T, 유자건지 10g
- 밤 4~6등분, 곶감 채썰기, 호두 1/4등분, 대추 6등분, 잣 고깔 제거하기
- 쌀가루에 소금 넣기 → 체 내리기 → 수분 잡기 → 체 내리기 → 설탕 섞기 → 고물 섞기 → 안치기 → 찌기 → 뜸들이기
- 수분 : 적당량
- 20분 찌고 5분 뜸들이기

08

백편

- 멥쌀 500g, 설탕 50g, 소금 5g, 밤, 대추, 잣
- 고물 손질하기 → 계량하기 → 소금 넣기 → 수분 잡기 → 체 내리기 → 설탕 넣기
- 안치기 → 고물 올리기 → 찌기 → 뜸들이기 → 담아내기
- 수분 : 적당량
- 20분 찌고 5분 뜸들이기

09 붉은팥 메시루떡

- 멥쌀 600g, 소금 6g, 설탕 60g, 적팥 450g, 소금 2/3t, 설탕 50g
- 팥 삶은 첫물 버리기 → 다시 물 부어 살짝 퍼지게 삶기 → 소금과 설탕 넣고 팬에 볶기 → 하얀 분내기
- 쌀가루에 소금 넣기 → 체 내리기 → 수분 잡기 → 체 내리기 → 설탕 섞기 → 켜켜이 안치기 → 찌기 → 뜸들이기
- 수분 : 적당량
- 20분 찌고 5분 뜸들이기

10 붉은팥 찰시루떡

- 찹쌀 600g, 소금 6g, 설탕 60g, 적팥 450g, 소금 2/3t, 설탕 50g
- 팥 삶은 첫물 버리기 → 다시 물 부어 살짝 퍼지게 삶기 → 소금과 설탕 넣고 팬에 볶기 → 하얀 분내기
- 쌀가루에 소금 넣기 → 수분 잡기 → 고루 섞기 → 설탕 섞기 → 켜켜이 안치기 → 찌기
- 물 : 30g
- 김 오르고 20분 찌기

11 거피팥 시루떡

- 찹쌀 600g, 소금 6g, 설탕 60g, 거피팥 270g, 소금 2/3t, 설탕 30g
- 불린 거피팥 찌기 → 소금 넣기 → 체 내리기 → 설탕 섞기
- 쌀가루에 소금 넣기 → 수분 잡기 → 고루 섞기 → 설탕 섞기 → 켜켜이 안치기 → 찌기
- 물 : 30g
- 김 오르고 20분 찌기

12 녹두 시루떡

- 찹쌀 600g, 소금 6g, 설탕 60g, 거피녹두 270g, 소금 2/3t, 설탕 30g
- 불린 거피녹두 찌기 → 소금 넣기 → 체 내리기 → 설탕 섞기
- 쌀가루에 소금 넣기 → 수분 잡기 → 고루 섞기 → 설탕 섞기 → 켜켜이 안치기 → 찌기
- 물 : 30g
- 김 오르고 20분 찌기

13 콩찰편

- 찹쌀 600g, 소금 6g, 설탕 60g, 서리태 270g, 소금 약간, 흑설탕 50g
- 불린 서리태에 소금과 흑설탕 30g을 넣어 팬에 볶기
- 쌀가루에 소금 넣기 → 수분 잡기 → 고루 섞기 → 설탕 섞기 → 켜켜이 안치기 → 찌기 → 흑설탕 20g 뿌리기
- 물 : 30g
- 김 오르고 20분 찌기

14 깨찰편

- 찹쌀 600g, 소금 6g, 설탕 60g, 참깨 250g, 소금 약간, 설탕 60g
- 참깨 볶기 : 절구에 반절만 빻기
- 쌀가루에 소금 넣기 → 수분 잡기 → 고루 섞기 → 설탕 섞기 → 켜켜이 안치기 → 찌기
- 물 : 30g
- 김 오르고 20분 찌기

15 두텁떡

- 찹쌀 200g, 꿀 2T, 진간장 1t
- 거피팥 300g, 진간장 1.5T, 황설탕 50g, 계피가루 1/2t
- 거피팥 100g, 진간장 1/2T, 유자청 2T, 꿀 2T, 계피가루 1/2t, 밤 2개, 대추 2개, 잣 1T, 호두 1개, 유자건지 1T
- 쌀가루 : 쌀가루 + 꿀 + 진간장 → 체 내리기
- 겉고물 : 불린 거피팥 찌기 → 진간장 + 황설탕 + 계피가루 섞기 → 체 내리기 → 팬에 볶기
- 속고물 : 찐 거피팥 + 진간장 섞기 → 체 내리기 → 밤, 대추, 호두, 유자건지, 잣 손질하기 → 부재료 + 유자청 + 꿀 + 계피가루 섞기 → 동그랗게 빚기

16 물호박떡

- 멥쌀 600g, 소금 6g, 설탕 60g, 늙은호박 1/4개, 설탕 2T
- 적팥 450g, 소금 2/3t, 설탕 50g
- 팥 삶은 첫물 버리기 → 다시 물 부어 살짝 퍼지게 삶기 → 소금과 설탕 넣고 팬에 볶기 → 하얀 분내기
- 쌀가루에 소금 넣기 → 체 내리기 → 수분 잡기 → 체 내리기 → 설탕 섞기 → 켜켜이 안치기 → 찌기 → 뜸들이기
- 수분 : 적당량
- 20분 찌고 5분 뜸들이기

17

구름떡

- 찹쌀 800g, 소금 8g, 설탕 80g, 밤 6개, 흑임자고물 50g
- 밤 4~6등분하기 → 쌀가루에 소금 넣기 → 수분 잡기 → 고루 섞기 → 설탕 섞기 → 밤 섞기 → 주먹 쥐어 안치기 → 찌기 → 흑임자 고물 묻혀 켜켜이 틀에 넣기 → 썰기
- 물 : 40g
- 20분 찌기

18

송편

- 멥쌀 200g, 소금 2g, 불린 서리태 70g, 참기름 약간
- 계량하기 → 서리태 삶기 → 쌀가루에 소금 넣기 → 체 내리기 → 익반죽하기 → 반죽, 서리태 12등분하기 → 빚기 → 안치기 → 찌기 → 참기름 바르기
- 불린 서리태 : 물 끓으면 5분 이상 삶기
- 수분 : 약간 말랑하게
- 가로 5cm, 세로 3cm로 12개 이상 빚기
- 15분 찌기

19

모싯잎 송편

- 멥쌀 200g, 소금 2g, 모싯잎 60g, 참기름 약간, 거피팥 40g, 소금 약간, 설탕 1T
- 불린 거피팥 찌기 → 소금 + 설탕 넣고 섞기 → 절구에 찧기
- 쌀가루에 소금 넣기 → 체 내리기 → 모싯잎 넣고 분쇄하기 → 익반죽하기 → 빚기 → 찌기 → 헹구기 → 기름 바르기
- 수분 : 약간 말랑하게
- 15분 찌기

20

쑥 송편

- 멥쌀 200g, 소금 2g, 쑥 60g, 참기름 약간, 참깨가루 20g, 설탕 40g
- 참깨가루 + 설탕 섞기 → 쌀가루에 소금 넣기 → 체 내리기 → 쑥 넣고 분쇄하기 → 익반죽하기 → 빚기 → 찌기 → 헹구기 → 기름 바르기
- 수분 : 약간 말랑하게
- 15분 찌기

21

쑥개떡

- 멥쌀 200g, 소금 2g, 쑥 60g, 참기름 약간
- 쌀가루에 소금 넣기 → 체 내리기 → 쑥 넣고 분쇄하기 → 익반죽하기 → 빚기 → 찌기 → 헹구기 → 기름 바르기
- 수분 : 약간 말랑하게
- 15분 찌기

22

꿀떡

- 멥쌀 200g, 소금 2g, 참깨가루 10g, 설탕 50g, 콩고물 10g, 식용유 약간
- 쌀가루에 소금 넣기 → 체 내리기 → 수분 잡기 → 안치기 → 찌기 → 치대기 → 참깨가루 + 설탕 + 콩고물 섞기 → 빚기 → 기름 바르기
- 물 : 60g
- 6~8분 찌기

23

약밥

- 찹쌀 400g, 소금 2g, 흑설탕 60g, 간장 25g, 대추고 30g, 호두 5개, 밤 3개, 대추 3개, 호박씨 3개, 잣 1T, 참기름 1T
- 찹쌀 안치기 → 찌기 → 호두, 밤, 대추 잣 손질하기 → 찐 찹쌀 + 고물 + 흑설탕 + 대추고 + 소금 넣고 버무리기 → 안치기 → 찌기 → 참기름 섞기 → 모양 잡기
- 30분씩 2번 찌기

24

쑥인절미

- 찹쌀 500g, 소금 5g, 설탕 50g, 쑥 100g, 콩고물 30g
- 쌀가루에 소금 넣기 → 쑥 넣고 분쇄하기 → 수분 잡기 → 설탕 섞기 → 시룻밑 설탕 뿌리기 → 주먹 쥐어 안치기 → 찌기 → 치대기 → 자르기 → 콩고물 묻히기
- 물 : 30g
- 20분 찌기

25

호박 인절미

- 찹쌀 500g, 소금 5g, 설탕 50g, 찐단호박 50g, 콩고물 30g
- 쌀가루에 소금 넣기 → 호박 넣고 분쇄하기 → 수분 잡기 → 설탕 섞기 → 시룻밑 설탕 뿌리기 → 주먹 쥐어 안치기 → 찌기 → 치대기 → 자르기 → 콩고물 묻히기
- 물 : 20g
- 20분 찌기

26

인절미

- 찹쌀 500g, 설탕 50g, 소금 5g, 볶은 콩가루 60g, 식용유 5g, 소금 5g(소금물용 소금)
- 쌀가루에 소금 넣기 → 수분 잡기 → 설탕 넣기 → 주먹 쥐어 안치기 → 찌기 → 뜸들이기 → 치대기 → 자르기 → 콩고물 묻히기 → 담아내기
- 물 : 2T
- 15분 찌고 5분 뜸들이기

27

가래떡

- 멥쌀 500g, 소금 5g
- 쌀가루에 소금 넣기 → 체 내리기 → 수분 잡기 → 주먹 쥐어 안치기 → 찌기 → 치대기 → 모양 내기
- 물 : 150g
- 가래떡 지름 3cm
- 15~18분 찌기

28

떡국떡

- 멥쌀 500g, 소금 5g
- 쌀가루에 소금 넣기 → 체 내리기 → 수분 잡기 → 주먹 쥐어 안치기 → 찌기 → 치대기→ 모양 내기 → 굳히기 → 썰기
- 물 : 125g
- 15~18분 찌기

29

떡볶이떡

- 멥쌀 500g, 소금 5g
- 쌀가루에 소금 넣기 → 체 내리기 → 수분 잡기 → 주먹 쥐어 안치기 → 찌기 → 치대기 → 모양 내기
- 물 : 150g
- 떡볶이떡 지름 1cm
- 15~18분 찌기

30

부꾸미

- 찹쌀 200g, 설탕 30g, 소금 2g, 팥앙금 100g, 대추, 쑥갓, 식용유 20ml
- 쌀가루에 소금 넣기 → 체 내리기 → 익반죽하기 → 12등분 하기 → 빚기 → 지지기 → 속고물 넣기 → 장식하기 → 설탕 뿌리기 → 담아내기
- 반죽 : 적당량
- 기름에 약불로 천천히 지지기

31

영양찰떡

- 찹쌀 500g, 소금 5g, 설탕 50g, 밤 3개, 대추 3개, 불린 서리태 20g, 호박고지 20g, 강낭콩 20g, 호두 20g
- 밤 4~6등분 하기, 대추 데친 후 돌려깎아 6등분 하기, 서리태 + 강낭콩 삶기, 호박고지는 미지근한 설탕물에 불리고 물기 짜서 자르기, 호두 1/4등분 하기
- 쌀가루에 소금 넣기 → 수분 잡기 → 고루 섞기 → 설탕 섞기 → 부재료 손질하기 → 고물 안치기 → 쌀가루 안치기 → 찌기 → 모양 잡기
- 물 : 25g
- 김 오르고 20분 찌기

32

쇠머리떡

- 찹쌀 500g, 소금 5g, 설탕 50g, 불린 서리태 100g, 대추 5개, 깐밤 5개, 마른 호박고지 20g, 식용유 약간
- 밤 4~6등분 하기, 대추 데친 후 돌려깎아 6등분 하기, 호박고지는 미지근한 설탕물에 불리고 물기 짜서 자르기, 불린 서리태는 물 끓으면 5분 이상 삶기
- 계량하기 → 쌀가루에 소금 넣기 → 수분 잡기 → 고루 섞기 → 설탕 섞기 → 고물 섞기 → 시룻밑 설탕 뿌리기 → 주먹 쥐어 안치기 → 찌기 → 모양 잡기
- 물 : 2T   • 주먹 쥐어 안친 후 가운데 열어주기
- 20분 찌기
- 15×15cm 모양 잡기

33

웰빙찰떡

- 찹쌀 500g, 소금 5g, 설탕 50g, 녹차가루 10g, 밤 3개, 대추 3개, 불린 서리태 20g, 호박고지 20g, 불린 강낭콩 20g, 호두 20g, 슬라이스 아몬드 20g, 완두배기 20g
- 밤 4~6등분 하기, 대추 데친 후 돌려깎아 6등분 하기, 서리태 + 강낭콩 삶기, 호박고지는 미지근한 설탕물에 불리고 물기 짜서 자르기, 호두 1/4등분 하기
- 쌀가루에 소금 넣기 → 녹차가루 섞기 → 수분 잡기 → 고루 섞기 → 설탕 섞기 → 부재료 손질하기 → 부재료 섞기 → 시룻밑 설탕 뿌리기 → 주먹 쥐어 안치기 → 찌기 → 모양 잡기
- 물 : 25g
- 20분 찌기

34

경단

- 찹쌀 200g, 소금 2g, 콩고물 50g
- 계량하기 → 소금 넣기 → 익반죽하기 → 쌀반죽 20등분 하기 → 빚기 → 삶기 → 건지기 → 찬물 헹구기 → 콩고물 묻히기
- 물 : 약간 되게 반죽하기
- 2.5~3cm로 20개 이상 빚기
- 팔팔 끓는 물에 2회 나눠 삶기 → 떠오르면 건져 헹구기

좋은 책을 만드는 길
독자님과 함께하겠습니다.

도서나 동영상에 궁금한 점, 아쉬운 점, 만족스러운 점이
있으시다면 어떤 의견이라도 말씀해 주세요.
시대고시기획은 독자님의 의견을 모아 더 좋은 책으로 보답하겠습니다.

www.sidaegosi.com

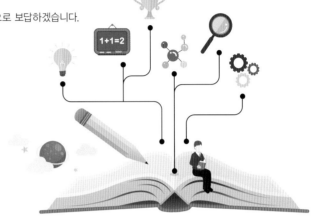

유튜브와 함께하는 떡제조기능사 실기

개정2판1쇄 발행	2022년 02월 10일(인쇄 2022년 01월 07일)
초 판 발 행	2019년 11월 05일(인쇄 2019년 10월 31일)
발 행 인	박영일
책 임 편 집	이해욱
편 저	방지현
편 집 진 행	김준일 · 김은영 · 남민우 · 김유진
표지디자인	박수영
편집디자인	양혜련 · 곽은슬
발 행 처	(주)시대고시기획
출 판 등 록	제 10-1521호
주 소	서울시 마포구 큰우물로 75 [도화동 538 성지 B/D] 9F
전 화	1600-3600
팩 스	02-701-8823
홈 페 이 지	www.sidaegosi.com
I S B N	979-11-383-1634-7 (13590)
정 가	20,000원